从零开始学
微信小程序开发

高洪涛 编著

电子工业出版社
Publishing House of Electronics Industry
北京·BEIJING

内 容 简 介

本书共分 3 篇 12 章,第 1 篇介绍微信小程序的基础知识,包括微信小程序开发工具、微信小程序架构分析;第 2 篇介绍微信小程序的常用模块,通过一些小案例详细介绍了微信小程序提供的各种组件的使用、API 函数的使用,访问手机硬件的函数;第 3 篇是综合案例,以微天气、微音乐这两个完整案例的开发,演示微信小程序开发的全过程。

本书内容由浅入深,每个知识点都通过小案例进行演示,适合希望通过微信小程序开发应用的读者,具有 HTML 5 基础知识的读者都可阅读本书。

未经许可,不得以任何方式复制或抄袭本书之部分或全部内容。
版权所有,侵权必究。

图书在版编目(CIP)数据

从零开始学微信小程序开发 / 高洪涛编著. —北京:电子工业出版社,2017.3
ISBN 978-7-121-30911-3

Ⅰ. ①从… Ⅱ. ①高… Ⅲ. ①移动终端-应用程序-程序设计 Ⅳ. ①TN929.53

中国版本图书馆 CIP 数据核字(2017)第 024534 号

策划编辑:张月萍
责任编辑:刘 舫
印　　刷:北京捷迅佳彩印刷有限公司
装　　订:北京捷迅佳彩印刷有限公司
出版发行:电子工业出版社
　　　　　北京市海淀区万寿路 173 信箱　　　邮编:100036
开　　本:720×1000　1/16　　印张:18　　字数:351 千字
版　　次:2017 年 3 月第 1 版
印　　次:2023 年 7 月第 21 次印刷
定　　价:59.00 元

凡所购买电子工业出版社图书有缺损问题,请向购买书店调换。若书店售缺,请与本社发行部联系,联系及邮购电话:(010)88254888,88258888。
质量投诉请发邮件至 zlts@phei.com.cn,盗版侵权举报请发邮件至 dbqq@phei.com.cn。
本书咨询联系方式:010-51260888-819,faq@phei.com.cn。

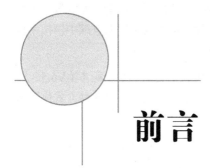

前言

2016年9月22日凌晨,微信官方正式推出应用号"小程序"内测功能。

那么,"小程序"是什么?看看腾讯副总裁、微信创始人是怎么说的吧,如下图所示是张小龙发布的信息。

第一批参与小程序测试的包括大众点评、猫眼电影、海南航空等日常生活服务类企业,以微信官方邀请和企业申请为主,共发出了200封应用号内部公测邀请。

除了官方邀请的测试用户,普通的开发人员怎么办?微信提供了一套开发工具,普通用户不用申请 AppID，也可在电脑中学习、模拟小程序的大部分功能。

2016 年 11 月 4 日，微信小程序正式公测，企事业单位可以申请公测账号了（个人用户暂时还不能申请），有了这个公测账号，开发人员不仅可以在电脑中模拟小程序，而且可以将开发代码发布出去供其他用户使用。

2017 年 1 月 9 日，微信小程序正式上线，只要将微信更新到最新版本（V6.5.3），即可通过线下扫码、微信搜索、公众号关联、好友分享、历史记录等 5 种方式体验微信小程序。

为了帮助广大初学者快速学习微信小程序的开发，本书从基础开始，逐步介绍微信小程序开发中的相关知识。

全书共分 3 篇 12 章。第 1 篇介绍微信小程序的基础知识，包括微信小程序开发工具、微信小程序架构分析。包括第 1 章和第 2 章的内容。

第 1 章初识微信小程序，首先介绍了微信小程序开发工具的下载、安装和使用，然后使用该开发工具创建了第一个微信小程序，并在电脑模拟器中进行查看，最后发布到手机微信中查看运行效果。

第 2 章对微信小程序的架构进行分析，从小程序的目录结构、文件名的约定开始，详细介绍小程序的配置文件、页面描述文件、页面样式文件和逻辑层文件的相关知识。

第 2 篇介绍微信小程序的常用模块，通过一些小案例详细介绍了微信小程序提供的各种组件的使用、API 函数的使用，访问手机硬件的函数。包括第 3 章至第 10 章的内容。

第 3 章介绍快速开发 UI 界面，以一个加法计算器的实际案例介绍了小程序 UI 设计中常用组件的使用方法。

第 4 章美化 UI 界面，继续修改上一章的计算器案例，本章中使用其他一些 UI 组件来设计计算器，使计算器的使用更方便。在这一章进一步学习了更多的小程序 UI 组件使用。

第 5 章保存数据到本地，介绍了小程序中将数据保存到本地缓存，从本地缓存中读取数据的方法，继续修改第 4 章的计算器程序，增加了查看历史记录的功能。

第 6 章在小程序中设计一个旅行计划调查表单，学习小程序表单控件的使用。

第 7 章介绍微信小程序的交互反馈功能，包括等待提示信息、弹出框的使用、底部弹出菜单的使用等相关内容。

第 8 章介绍在小程序中使用多媒体功能的相关知识，包括使用 audio 组件和使用 audio API 播放音乐，使用 video 组件播放视频等相关内容。

第 9 章介绍小程序与后端进行交互的相关知识，首先介绍了小程序提供的网络访问 API，然后编写了手机归属地查询小案例，演示小程序网络访问 API 的使用方法。

第 10 章介绍小程序使用手机硬件设备的相关知识，包括拍照、录音、获取地理位置、获取网络状态、获取系统信息等相关内容。

第 3 篇是综合案例，以微天气、微音乐这两个完整案例的开发，演示了微信小程序的全过程。第 11 章通过调用天气预报 API 编写出一个综合案例——微天气，第 12 章通过调用 QQ 音乐 API 编写出一个综合案例——微音乐。通过这 2 个综合案例，读者可进一步巩固本书前 10 章中介绍的相关知识。

本书内容由浅入深，每个知识点都通过小案例进行演示，适合希望通过微信小程序开发应用的读者，具有 HTML 5 基础知识的读者都可阅读本书。

由于微信小程序推出的时间短，官方推出的开发工具更新较快，随着时间的推移，本书介绍的一些知识点在新版本中可能会有更改。如果本书案例运行时出现错误提示时，读者可查一下官方文档，根据最新内容修改后即可正常运行。

由于时间短，加之笔者水平有限，书中难免有疏漏之处，敬请读者朋友批评指正。

编者

2017 年 1 月

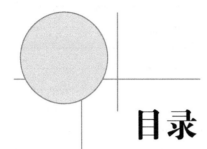

目录

第1篇 微信小程序基础

第1章 初识微信小程序 2
- 1.1 微信小程序开发工具 2
  - 1.1.1 获取开发工具 2
  - 1.1.2 安装开发工具 3
- 1.2 开发第一个微信小程序 5
  - 1.2.1 获取微信小程序的 AppID 5
  - 1.2.2 创建项目 5
  - 1.2.3 微信小程序主要文件 8
- 1.3 认识开发工具 9
  - 1.3.1 开发工具界面 9
  - 1.3.2 程序调试 9
  - 1.3.3 代码编辑 15
- 1.4 查看小程序效果 19
  - 1.4.1 在开发工具中查看效果 19
  - 1.4.2 在手机中查看效果 19

第2章 微信小程序架构分析 21
- 2.1 微信小程序框架结构 21

	2.1.1	目录结构	22
	2.1.2	主体文件	23
	2.1.3	页面文件	23
	2.1.4	其他文件	24

2.2 配置文件详解 24
    2.2.1 主配置文件 app.json 24
    2.2.2 页面配置文件 29

2.3 逻辑层 js 文件 29
    2.3.1 用 App 函数注册小程序 30
    2.3.2 用 Page 函数注册页面 31

2.4 页面描述文件 wxml 34
    2.4.1 初识组件 34
    2.4.2 数据绑定 35
    2.4.3 条件渲染 39
    2.4.4 列表渲染 40
    2.4.5 使用模板 42
    2.4.6 引用其他页面文件 45

2.5 页面的事件 46
    2.5.1 事件类型 46
    2.5.2 事件绑定 47
    2.5.3 事件对象 47

2.6 页面样式文件 wxss 50
    2.6.1 尺寸单位 50
    2.6.2 样式导入 50

第 2 篇　微信小程序常用模块

第 3 章　快速开发 UI 界面 54

3.1 认识小程序的组件 54
    3.1.1 小程序的组件 54
    3.1.2 组件的使用 56
    3.1.3 组件的通用属性 57

3.2 加法计算器 59
    3.2.1 认识 view 组件 60

	3.2.2	认识 input 组件 62
	3.2.3	认识 button 组件 64
	3.2.4	计算机器界面 UI 69
	3.2.5	编写计算代码 71
	3.2.6	测试加法计算器 72
3.3	另一种输入数据的方式 73
	3.3.1	认识 slider 组件 74
	3.3.2	用 slider 输入整数 74

第 4 章 美化 UI 界面 76

4.1	计算器功能需求 76
4.2	设计计算器界面 77
	4.2.1 计算器小程序布局设计 77
	4.2.2 搭建计算器小程序开发框架 77
	4.2.3 用组件实现布局 78
	4.2.4 设计组件的样式 79
4.3	编写计算器代码 84
	4.3.1 初始化数据 84
	4.3.2 编写按钮代码 88
	4.3.3 编写计算代码 89
	4.3.4 测试计算器小程序 92
4.4	美化计算器界面 93
	4.4.1 认识 icon 组件 93
	4.4.2 用 icon 美化计算器界面 94
	4.4.3 小程序提供的 icon 组件 94

第 5 章 保存数据到本地 97

5.1	保存计算历史界面设计 97
	5.1.1 认识 switch 组件 97
	5.1.2 switch 组件简单案例 98
5.2	修改计算器 UI 99
	5.2.1 添加 switch 组件 99
	5.2.2 获取 switch 的选择 100

5.3 保存计算到本地缓存 101
   5.3.1 保存数据的 API 接口函数 101
   5.3.2 本地缓存计算过程 103
5.4 从本地缓存读取数据 108
   5.4.1 显示历史记录的界面设计 108
   5.4.2 页面切换的相关接口函数 110
   5.4.3 获取本地缓存数据 111
5.5 保存多条历史记录 112
   5.5.1 使用数组保存多条历史记录 113
   5.5.2 清理本地缓存 115

第 6 章 旅行计划调查 116

6.1 用 form 组件收集信息 116
   6.1.1 认识 form 组件 116
   6.1.2 表单的提交 118
   6.1.3 表单的重置 120
6.2 设计旅行计划调查 121
6.3 选择性别（单选）... 122
   6.3.1 认识 radio 和 radio-group 组件 122
   6.3.2 用 radio 组件列出性别 122
   6.3.3 获取性别内容 124
   6.3.4 根据数据生成 radio 组件 125
6.4 选择想去的国家（多选）... 126
   6.4.1 认识 checkbox 和 checkbox-group 组件 127
   6.4.2 国家名称的多选 127
   6.4.3 获取选中的数据 128
6.5 选择日期和时间 129
   6.5.1 认识 picker 组件 129
   6.5.2 picker 组件小案例 131
   6.5.3 收集出发日期 135
   6.5.4 获取 picker 选择的日期 135
6.6 输入建议 137
6.7 广告轮播 138

6.7.1　认识 swiper 组件 139
　　6.7.2　swiper 组件案例 139
　　6.7.3　测试案例 143

第 7 章　微信小程序的交互反馈 144

7.1　等待提示 144
　　7.1.1　认识 loading 组件 145
　　7.1.2　修改旅行计划调查表单 148
7.2　用 toast 显示提示信息 150
7.3　使用新版 API 显示提示 153
　　7.3.1　接口函数 wx.showToast 153
　　7.3.2　显示 loading 提示信息 153
　　7.3.3　显示 toast 提示信息 155
7.4　用 modal 组件显示弹出框 156
　　7.4.1　认识 modal 组件 157
　　7.4.2　修改弹出框 159
　　7.4.3　在弹出框中输入内容 160
7.5　使用新版 API 显示弹出框 163
7.6　底部弹出菜单 164
　　7.6.1　认识 action-sheet 组件 165
　　7.6.2　使用新版 API 显示底部菜单 168

第 8 章　用多媒体展示更多 171

8.1　用 audio 组件播放音乐 171
　　8.1.1　认识 audio 组件 171
　　8.1.2　控制 audio 组件 173
8.2　使用 audio API 播放音乐 175
　　8.2.1　audio API 简介 175
　　8.2.2　audio API 播放音乐示例 177
8.3　用 video 组件播放视频 180
　　8.3.1　认识 video 组件 180
　　8.3.2　获取视频上下文 182
　　8.3.3　给视频添加弹幕 182

第 9 章　与后台交互 187

9.1　网络访问 API 187
9.1.1　认识 wx.request 接口函数 188
9.1.2　获取网上信息 188
9.2　手机归属地查询 191
9.2.1　了解手机归属地查询接口 191
9.2.2　编写小程序代码 195
9.2.3　调试修改小程序 198

第 10 章　使用手机设备 203

10.1　拍照 203
10.1.1　了解 wx.chooseImage 函数 203
10.1.2　编写实例代码 204
10.1.3　在电脑端测试选择照片 206
10.1.4　在手机端测试选择照片 207
10.2　录音 210
10.2.1　认识 wx.startRecord 函数 210
10.2.2　认识 wx.stopRecord 函数 210
10.2.3　认识 wx.playVoice 函数 210
10.2.4　编写录音实例 211
10.2.5　测试录音实例 213
10.3　获取地理位置 214
10.3.1　认识 wx.openLocation 函数 214
10.3.2　认识 wx.getLocation 函数 215
10.3.3　获取地理位置实例 215
10.3.4　在电脑中测试获取地理位置实例 217
10.3.5　在手机中测试获取地理位置实例 219
10.4　获取网络状态 220
10.5　获取系统信息 223

第 3 篇　微信小程序综合案例

第 11 章　综合案例——微天气 228

　11.1　天气预报 API 228
　　11.1.1　中国天气网天气预报接口 229
　　11.1.2　中华万年历的天气预报接口 234
　11.2　界面设计 236
　11.3　编写界面代码 236
　　11.3.1　创建项目 237
　　11.3.2　编写界面代码 237
　　11.3.3　编写界面样式代码 239
　11.4　编写逻辑层代码 242
　　11.4.1　编写数据初始化代码 242
　　11.4.2　获取当前位置的城市名称 244
　　11.4.3　根据城市名称获取天气预报 246
　　11.4.4　查询天气预报 248

第 12 章　综合案例——微音乐 250

　12.1　QQ 音乐 API 250
　　12.1.1　认识易源接口网站 250
　　12.1.2　QQ 音乐接口 251
　12.2　界面设计 255
　12.3　创建项目 257
　　12.3.1　准备资源 257
　　12.3.2　创建项目 257
　　12.3.3　创建配置文件 259
　12.4　音乐分类列表 260
　　12.4.1　开发页面文件 260
　　12.4.2　开发页面样式文件 261
　　12.4.3　开发页面逻辑代码 261
　12.5　音乐列表 263
　　12.5.1　开发页面文件 263
　　12.5.2　开发页面样式文件 264

12.5.3 开发页面逻辑代码 265
12.6 播放音乐 267
12.6.1 开发页面文件 267
12.6.2 开发页面样式文件 268
12.6.3 开发页面逻辑代码 269
12.7 搜索音乐 271
12.7.1 开发页面文件 271
12.7.2 开发页面样式文件 272
12.7.3 开发页面逻辑代码 273

第 1 篇

微信小程序基础

第 1 章　初识微信小程序

第 2 章　微信小程序架构分析

第 1 章
初识微信小程序

要进行微信小程序开发，首先需要搭建开发环境。微信提供了一个开发工具，通过这个工具，程序员可快速创建微信小程序。本章介绍微信小程序开发工具的下载和使用，然后介绍使用开发工具完整编写一个小程序的过程。

1.1 微信小程序开发工具

为了帮助开发者简单和高效地开发微信小程序，官方推出了一个开发者工具，集成了开发调试、代码编辑及程序发布等功能。

1.1.1 获取开发工具

官方在网站发布了最新版本的微信小程序开发工具，具体网址如下：

https://mp.weixin.qq.com/debug/wxadoc/dev/devtools/download.html

打开以上网址，可看到如图 1-1 所示的页面，在该页面显示开发工具最新版本号及 bug 修复情况。

期待许久的微信小程序于 1 月 9 日凌晨正式上线，只要将微信更新到最新版本（V6.5.3），即可通过线下扫码、微信搜索、公众号关联、好友分享、历史记录等 5 种方式体验微信小程序。官方提供的开发者工具现在的版本是 0.12.130400，从版本号来看，该开发工具仍然属于测试版本,估计不久的将来就会有 1.xx 的正式版本推出了。

第 1 章 初识微信小程序

图 1-1 下载微信小程序开发工具

如图 1-1 所示,在微信小程序开发工具下载页面中,首先列出了针对不同操作系统的各个版本,其中 Windows 操作系统又分 64 位和 32 位两种版本,另一个就是针对苹果计算机的 Mac 版。开发者根据自己使用的环境下载对应的版本即可。

当然,如果程序员有自己熟悉的 IDE 开发工具,也可以使用它进行小程序开发。不过,对于微信小程序的调试、发布等功能还是需要使用微信小程序开发工具。

建议初学者使用官方提供的开发工具进行开发。

1.1.2　安装开发工具

下载微信小程序开发工具后得到一个安装程序文件(版本号可能会随着新版的推出有所改变):

- Windows 64 位的安装程序文件名类似 wechat_web_devtools_0.12.130400_x64.exe;
- Windows 32 位的安装程序文件名类似 wechat_web_devtools_0.12.130400_ia32.exe;
- Mac 系统安装包文件名类似 wechat_web_devtools_0.12.130400.dmg。

微信小程序开发工具安装很简单,下面以 Windows 系统为例介绍具体安装过程。

(1)双击下载的安装程序包,打开如图 1-2 所示的欢迎界面。

(2)单击"下一步"按钮显示如图 1-3 所示的许可协议界面。

(3)单击"我接受"按钮进入图 1-4 所示的选择安装位置界面,可以选择开发工具安装的位置,这里使用默认值即可。

（4）单击"安装"按钮开始进行安装操作，如图1-5所示。

图1-2　欢迎界面

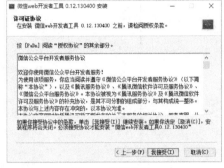

图1-3　许可协议

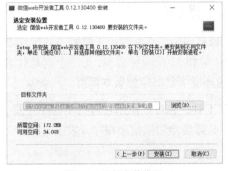

图1-4　选择安装位置

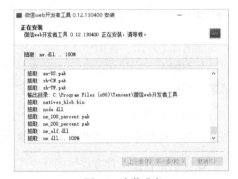

图1-5　安装进度

（5）经过一段时间，安装完成，显示如图1-6所示界面。

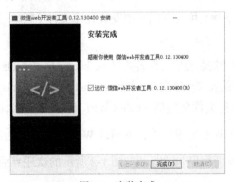

图1-6　安装完成

单击"完成"按钮即可完成开发工具的安装，并启动开发工具。

安装完成之后，会在桌面上创建一个名为"微信web开发者工具"的快捷方式，以后双击该快捷方式也可启动微信小程序开发工具。

1.2 开发第一个微信小程序

安装好微信小程序开发工具之后,接下来就创建我们的第一个微信小程序,对微信小程序有一个完整的认识。

1.2.1 获取微信小程序的 AppID

开发者开发的微信小程序要发布到微信中运行,必须首先取得微信小程序的 AppID。现阶段微信小程序还处于内测阶段,官方只邀请了 200 位内测用户。如果是受到邀请的开发者,官方为开发者会提供一个账号,利用提供的账号,登录 https://mp.weixin.qq.com,就可以在网站的"设置"-"开发设置"中,查看到微信小程序的 AppID,如图 1-7 所示。

图 1-7 查看 AppID

记录下这个 AppID,在后面创建微信小程序时将使用到该参数。

> **注意**
>
> 这是小程序专用的 AppID,不要和微信服务号或订阅号的 AppID 搞混了。

1.2.2 创建项目

做好准备工作之后,就可以创建微信小程序项目了,下面介绍具体的步骤。

1. 登录开发工具

启动开发工具之后,将首先出现如图 1-8 所示的界面,提示开发者扫描二维码进行登录。手机登录微信,然后用微信的"扫一扫"功能扫描图 1-8 所示的二维码,微信中将出现如图 1-9 所示的"微信登录"提示。

提示

开发者需要使用已在后台绑定成功的微信号扫描二维码登录，后续所有的操作都会基于这个微信账号。

图 1-8　扫描登录

图 1-9　微信确认登录

2. 添加项目

触按"确认登录"按钮，电脑中的开发工具将进入如图 1-10 所示界面，上方显示了开发者的微信图标，下面显示"本地小程序项目"和"公众号网页开发"两项，说明通过这个开发工具不仅可以开发微信小程序，也可以开发公众号网页。单击选择"本地小程序项目"，显示如图 1-12 所示界面，在这里添加新项目或选择一个已有项目（第一次进入，还没有项目列表）。

图 1-10　选择开发项目类型

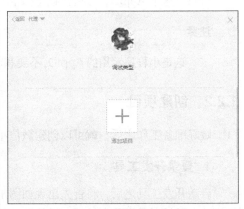

图 1-11　本地小程序项目

在图 1-11 所示界面单击"添加项目",创建一个本地小程序项目,将显示如图 1-12 所示的"添加项目"界面。

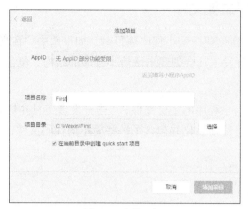

图 1-12 添加项目

在图 1-12 所示界面中的 AppID 栏输入图 1-7 中查看到的 AppID。

提示

无 AppID 的开发者也可以使用开发工具进行开发,只需要单击"无 AppID"即可。

单击"无 AppID"后,在下方项目名称中输入"First",然后单击"项目目录"右侧的"选择"按钮,选择保存项目的位置(如图 1-12 中的"C:\Weixin\First"),同时保证勾选"在当前目录中创建 quick start 项目"复选框,最后单击"添加项目"按钮,完成新项目的创建,进入开发工具界面,如图 1-13 所示。

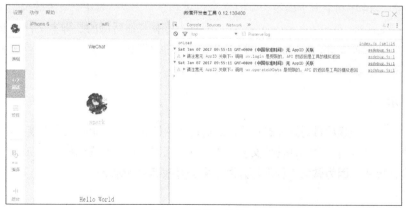

图 1-13 开发工具界面

至此，一个微信小程序的项目创建完成。

1.2.3 微信小程序主要文件

如图 1-12 所示，在创建微信小程序项目时，如果选中"在当前目录中创建 quick start 项目"复选框，开发工具会创建出微信小程序的结构，包含了微信小程序必备的一些文件。

下面就来认识微信小程序的主要文件，点击开发者工具左侧导航栏中的"编辑"，可以看到这个项目，已经初始化并包含了一些简单的代码文件，如图 1-14 所示。

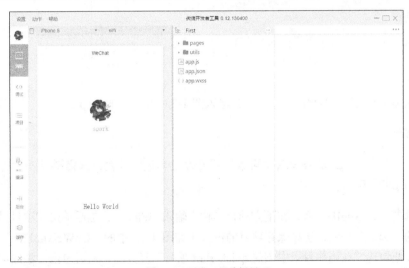

图 1-14 开发工具编辑界面

在图 1-14 中可看到，项目一共有 2 个目录和 3 个文件。其中，最关键也是必不可少的，是 app.js、app.json 和 app.wxss 这 3 个。其中，.js 后缀的是脚本文件，.json 后缀的文件是配置文件，.wxss 后缀的是样式表文件。微信小程序会读取这些文件，并生成小程序实例。

提示

如果创建项目时没有选择"在当前目录中创建 quick start 项目"复选框，项目目录中将不会添加任何文件。进入开发工具之后将会提示打开 app.json 文件出错。因为微信小程序打开时就会去寻找名为 app.json 的文件。

1.3 认识开发工具

要使用微信小程序开发工具进行开发，首先要熟悉开发工具的界面、常用功能的使用。要认识开发工具，需要先创建一个项目，再来查看开发工具的具体功能，这里使用上面创建的项目即可。

1.3.1 开发工具界面

在图 1-13 所示界面中，上方显示了开发工具的版本号，然后是一个菜单栏（只有"设置"、"动作"和"帮助"这 3 个菜单，这 3 个菜单功能很弱，开发过程中基本上可以不用），下方就是开发工具的主要操作区域。

开发区域又分左、中、右三部分。

左侧显示是的主要的操作命令按钮，最上方显示的是开发者的微信头像，单击头像将弹出一个小窗口，可退出当前微信号。接下来是 3 个主要功能按钮（"编辑"、"调试"、"项目"），分别进入开发工具的 3 个主要功能。根据这 3 个功能按钮的选择，下方将显示不同的操作按钮。

中间区域和右侧区域将根据 3 个主要功能按钮的不同而显示不同的内容。如选择"编辑"按钮后，中间区域将显示代码组织层次，右侧区域则是代码编辑区。如果选择"调试"按钮，中间区域将显示模拟器的效果，右侧区域显示 6 个调试工具。

1.3.2 程序调试

开发工具的调试功能包括模拟器、调试工具等部分。

1. 模拟器

如图 1-13 所示，进入微信小程序开发工具后首先看到的就是调试界面，在这个界面中，模拟器模拟微信小程序在客户端真实的逻辑表现，对于绝大部分的 API 均能够在模拟器上呈现出正确的状态。在"编辑"状态也可看到模拟器的效果。

在模拟器上方显示了当前界面模拟的是 iPhone6 手机的分辨率，单击右侧的下拉按钮，可看到如图 1-15 所示的手机型号列表，从中可选择一个型号来模拟。类似的，在手机型号右侧有一个网络模拟列表框，可选择 2G、3G、4G、Wifi 等网络方式。

如果在小程序中使用到多窗口（如打开了多个窗口），上方将增加一个"正在调试 2 个页面"之类的提示，单击该提示，将显示多窗口示意图，如图 1-16 所示。单击某个示意图，下方界面就切换到对应的窗口。

图 1-15　选择手机型号界面

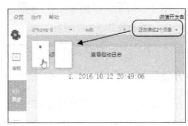

图 1-16　多窗口切换

提示

　　这个操作只是为了方便开发者才存在的，在真实的微信客户端中是不会有的。

2．调试工具

　　在开发工具右侧提供了 6 个调试功能模块，分别是：Console、Sources、Network、Appdata、Storage、Wxml（这 6 个调试功能模块类似于 Chrome 浏览器的开发者工具界面）。

　　（1）Console 面板

　　这是调试小程序的控制面板，在代码执行有错误时，错误信息将显示在这个面板中，如图 1-17 所示。

　　在小程序中，可通过以下代码将信息输出到 Console 面板中。通过向控制台输出信息，可了解小程序执行过程中相关变量的值，用来调试小程序。

```
console.log('onLoad')
```

　　这与 JavaScript 向浏览器控制台输出信息是一样的。类似的，也可以在控制面板中输入 JavaScript 代码并立即执行。

第 1 章 初识微信小程序

图 1-17　控制台输出错误信息

（2）Sources 面板

Sources 面板用于显示当前项目的脚本文件，如图 1-18 所示，左侧显示的是源文件的目录结构，中间显示的是选中文件的源代码，右侧显示的是调试相关按钮及变量的值等信息。

与浏览器开发不同，微信小程序框架会对脚本文件进行编译的工作，所以在 Sources 面板中开发者看到的文件是经过处理之后的脚本文件，开发者的代码都会被包裹在 define 函数中，并且对于 Page 代码，在尾部会有 require 的主动调用，如图 1-18 所示。

图 1-18　Sources 面板

11

（3）Network 面板

Netwrok 面板用于观察和显示网络请求 request 和 socket 的情况。通过这个面板可对网络请求进行调试。微信小程序作为前台表示层，通常都需要访问后台服务程序，前、后台之间的交互需要通过网络接口进行。这时，就需要通过 Network 面板来观察发送的请求及服务端返回的响应数据正确（如请求格式、响应数据的格式等）。

如图 1-19 所示显示了每个请求状态、用时等信息。

图 1-19　Network 面板

在图 1-20 所示请求列表中单击某一个请求，则可查看该请求的 Headers（请求头）、Response（响应）等信息。

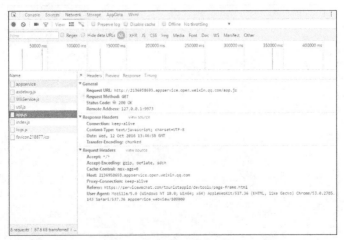

图 1-20　查看 Header 信息

(4) AppData 面板

AppData 面板用于显示当前项目中的具体数据,实时地反馈项目数据情况,如图 1-21 所示显示了当前小程序使用到的数据,包含 2 个变量,名称分别为 motto 和 userInfo。其中,motto 是一个字符串变量,其值为"Hello World";另一个变量 userInfo 为一个对象,具有 5 个属性,展开可看到各属性的值。

图 1-21 查看 AppData 信息

可以在 AppData 面板中编辑数据,编辑后数据将及时地反馈到界面上。如图 1-22 所示,将 motto 的值由"Hello World"修改为"这是第一个小程序",可以看到左侧模拟器中的内容也随之改变。

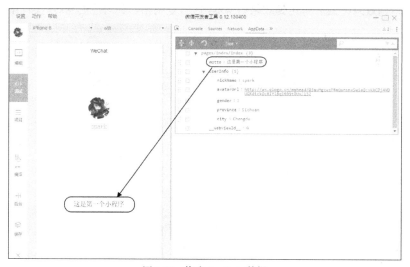

图 1-22 修改 AppData 数据

(5) Storage 面板

Storage 面板用于显示当前项目使用本地存储的情况,在小程序中可以使用

wx.setStorage 或者 wx.setStorageSync 将数据保存到手机本地存储中。例如，在创建小程序项目中如果选 quick start 项目，其中的 logs 页面就会将操作日志写到本地存储的 logs 变量中。在 Storage 面板中就可看到本地保存的 logs 变量的值，如图 1-23 所示。

图 1-23　Storage 面板

（6）Wxml 面板

Wxml 面板用于帮助开发者查看 Wxml 转化后的界面。在这里可以看到真实的页面结构以及结构对应的 wxss 属性，同时可以通过修改对应 wxss 属性，在模拟器中实时看到修改的情况。通过调试模块左上角的选择器，还可以快速找到页面中组件对应的 wxml 代码。

如图 1-24 所示，中间部分就是 Wxml 的代码（这与源程序中的 wxml 代码有所不同），右侧显示的则是选中组件对应的 wxss 属性（类似 html 代码中对应的 css 属性），在调试小程序的界面布局时，经常需要在右侧输入 wxss 代码，然后查看左侧模拟器中是否达到效果，最后将达到效果的 wxss 代码复制粘贴到对应的 wxss 文件中即可。

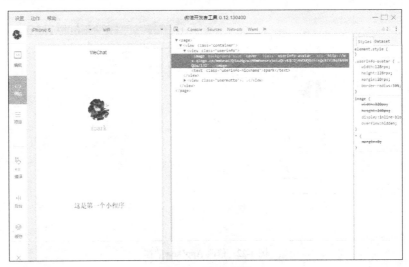

图 1-24　Wxml 面板

1.3.3 代码编辑

点击开发者工具左侧导航栏的"编辑",即可进行项目的编辑界面,在这里可以看到这个项目的文件列表和代码编辑区。

1. 文件管理

在编辑界面中可对项目的目录和文件进行管理。

(1)管理目录

单击项目名称右侧的省略号按钮 ,将显示一个弹出菜单,单击其中的"新建"展示菜单如图 1-25 所示,单击选择"目录"命令将在项目中新增一个目录,输入新建的目录名称(如"images")即可在当前项目中创建一个新的目录。

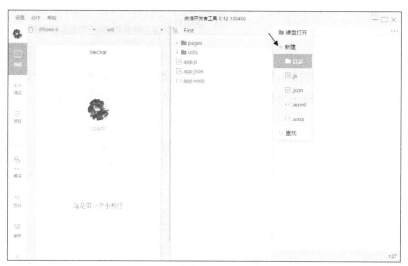

图 1-25 创建目录

删除目录也很简单,将鼠标移到要删除的目录上,其右侧将出现省略号按钮 ,单击该按钮,弹出一个菜单,如图 1-26 所示,选择下方的"按钮"命令,将弹出一个提示窗口,单击"确定"按钮即可将当前行的目录删除。

提示

删除目录时需要小心,目录中的文件也会同时被删除。

在图 1-26 所示弹出菜单列表中也有"新建"命令,可在当前目录创建子目录。

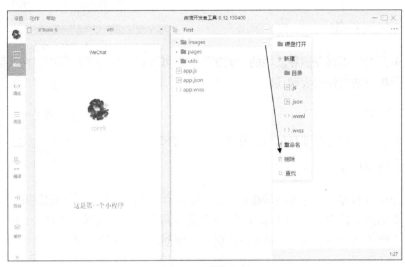

图 1-26 删除目录

（2）管理文件

与创建目录类似，在图 1-25 所示弹出菜单中提供了可创建的 4 种类型的文件。例如，选择"js"命令，将在当前目录中新增一个名为"untitled.js"的文件，并可马上修改文件。

删除文件的操作与删除目录的操作类似，将鼠标移到要删除文件名上，右侧出现省略号按钮 … ，单击弹出一个菜单，从中选择"删除"命令即可。

技巧

对目录、文件的管理也可以不在开发工具中进行，而直接在 Windows 资源管理器中找到项目所在目录，然后直接创建或删除目录，以及创建或删除文件。也可在资源管理器中将图片、音乐、视频等资源文件直接复制到相应的目录中。

2．编辑代码

微信小程序主要有 js、json、wxml 和 wxss 这 4 种格式的文件（有关这些文件的详细内容在本书第 2 章中进行介绍），开发工具目前提供了针对这 4 种格式文件的编辑器。

对于 js 文件，开发工具提供了完备的代码提示功能，如图 1-27 所示，当输入字母 p，代码提示功能将显示包含 p 的关键字，如图 1-27 所示。

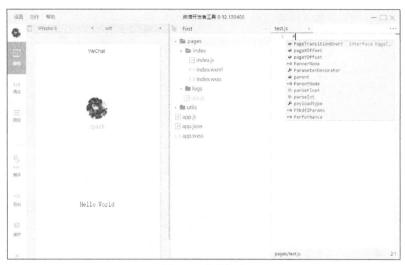

图 1-27 代码提示

如果要输入关键字 Page，则可在图 1-27 所示代码提示中用鼠标双击 Page。也可使用光标上下移动键移动到关键字 Page 处，如图 1-28 所示，这时选中的关键字还会出现一些提示信息（如图所示的"使用 Page 函数来生成一个页面实例"），这时按回车键，开发工具的自动代码补全功能将创建相应的代码段，如图 1-29 所示。

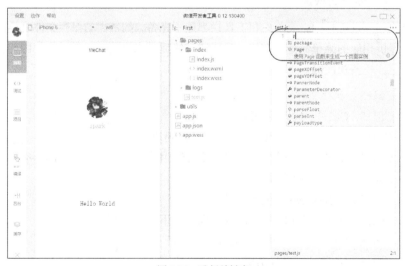

图 1-28 选择关键字

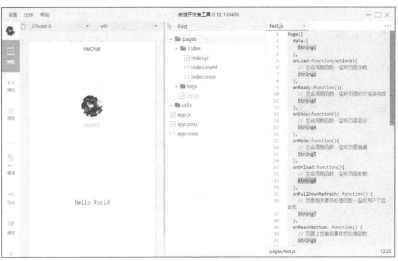

图 1-29 代码补全

图 1-29 这种大段代码补全是一种特例，大部分情况下，在输入关键字的前面部分字符后，随着代码提示找到需要输入的关键字之后，按回车键（或鼠标双击关键字）只会输入选定的关键字，不会出现这些大段的代码。

3. 代码编辑器快捷键

目前的开发工具中，菜单栏和工具栏都还不完备，如常用的保存文件之类的操作都没有提供相应的菜单命令和按钮，只能通过快捷键来进行相应的操作。因此，开发者需要记住一些快捷键。下面是一些常用快捷键。

- Ctrl+S：保存文件
- Ctrl+[，Ctrl+]：代码行缩进
- Ctrl+Shift+[，Ctrl+Shift+]：折叠打开代码块
- Ctrl+C，Ctrl+V：复制粘贴，如果没有选中任何文字则复制粘贴一行
- Shift+Alt+F：代码格式化
- Alt+Up，Alt+Down：上下移动一行
- Shift+Alt+Up，Shift+Alt+Down：向上向下复制一行
- Ctrl+Shift+Enter：在当前行上方插入一行
- Ctrl+End：移动到文件结尾
- Ctrl+Home：移动到文件开头
- Ctrl+i：选中当前行
- Shift+End：选择从光标到行尾

- Shift+Home：选择从行首到光标处
- Ctrl+Shift+L：选中所有匹配
- Ctrl+D：选中匹配
- Ctrl+U：光标回退
- Ctrl + \：隐藏侧边栏

1.4 查看小程序效果

创建好微信小程序项目之后，马上就可以查看小程序的开发效果。如果没有 AppID，只能在开发工具的模拟器中查看小程序运行效果，如果有 AppID，则可在手机中查看小程序的实际运行效果。

1.4.1 在开发工具中查看效果

一般情况下，开发者工具处于编辑和调试状态时，都可在开发工具的模拟器中查看小程序的运行效果，如图 1-30 所示。

如果在编辑界面中对代码进行了修改，但在调试界面的模拟器中没有看到修改的效果，这时可单击图 1-30 所示界面左侧的"重启"按钮将项目重启，通常这时就可得到修改后的效果。

单击图 1-30 所示界面左侧的"缓存"按钮，从弹出的菜单中选择"清除数据缓存"及"清除文件缓存"命令，可将小程序运行的缓存数据清除，这时再"重启"小程序，就与刚打开项目时的效果相同。

1.4.2 在手机中查看效果

如果开发者已有微信小程序的 AppID，还可以发布到手机中查看效果。在开发者工具的左侧菜单栏单击"项目"按钮，打开如图 1-31 所示的项目管理界面。

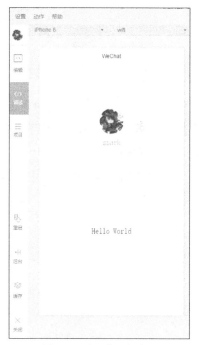

图 1-30 小程序运行效果

图 1-31　项目管理

在图 1-31 所示项目管理界面中，上方显示了项目名称、AppID、本地开发目录等信息，单击"预览"按钮，用手机微信扫描二维码后即可在微信客户端中查看到该小程序的运行效果了。

通常情况下，微信客户端中看到的效果和开发工具模拟器中看到的效果是相同的。

第 2 章 微信小程序架构分析

在第 1 章中创建了一个微信小程序，也看到了微信小程序的基本结构，本章对组成小程序的这些目录和文件的作用进行详细介绍。

2.1 微信小程序框架结构

通常来说，一套软件的应用架构包括数据层、业务逻辑层、服务层、控制层、展示层、用户等多个层次，如图 2-1 所示。

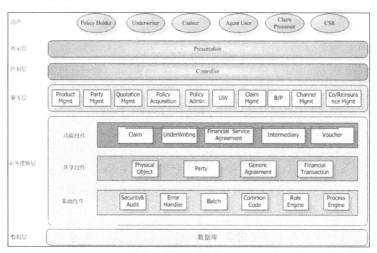

图 2-1 应用程序架构

从本质上来说，微信小程序只是一套系统的展示层（即常说的前端程序），主要用来展示系统的信息。通常还需要有数据层、业务逻辑层、服务层、控制层等这些通常说的后端程序为微信小程序提供支持。

随着前端程序开发的进一步发展，近几年前端程序开发也有了层次的细分，微信小程序就是这样的前端开发框架，提供了前端的逻辑层、视图层的分层结构。

2.1.1 目录结构

在 HTML 开发中，开发一个 HTML 页面并不只是编写一个扩展名为 html（或 htm）的文件即可，通常还需要调用一些扩展名为 js 的 JavaScript 文件来实现页面逻辑，使用扩展名为 css 的样式表文件来美化样式。在微信小程序中，也采用了类似方式，即一个微信小程序页面由一个页面描述文件、一个页面逻辑文件、一个样式表文件来进行描述。

有了这些概念，再打开微信小程序开发工具，查看图 2-2 所示的目录结构可看到，在项目的主目录下有 2 个子目录，3 个文件。

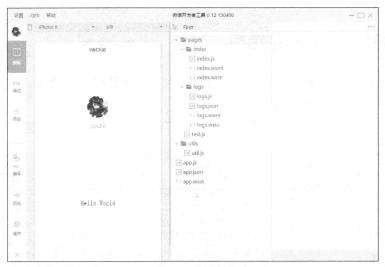

图 2-2　目录结构

在主目录中的 3 个以 app 开头的文件就是微信小程序框架的主描述文件，这 3 个文件不属于任何页面。

pages 目录下又有 2 个子目录，分别是 index 和 logs，每个子目录中保存着一个页面的相关文件，通常一个页面包含 4 种不同扩展名的文件，分别表示页面中的逻辑文件、页面结构文件、样式表文件、配置文件。为了方便开发者减少配置项，框架特别约定描述页面的这 4 个文件必须具有相同的路径与文件名。

> **提示：**
>
> 图 2-2 所示这种目录结构是一种比较好的分层结构，也可以不采用这种目录结构，如将描述页面的 4 个文件放在项目的主目录中也可以运行。当然，建议开发者还是采用图 2-2 所示的目录结构，方便文件的管理。

将图 2-2 所示目录结构简化一下，一个微信小程序框架的目录、文件结构如图 2-3 所示，其中项目描述文件在一个项目中只有一套，而页面描述文件根据页面数据可以有多个，其他文件（如资源文件）也可根据需要设置。

图 2-3　目录结构示意

2.1.2　主体文件

一个微信小程序的主体部分由 3 个文件组成，这 3 个文件必须放在项目的主目录中，3 个文件的名称也是固定的，文件名和作用如下：

- app.js，这是微信小程序的主逻辑文件，在项目中不能缺少。这个文件主要用来注册小程序。
- app.json，这是微信小程序的主配置文件，在项目中不能缺少。这个文件用来对微信小程序进行全局配置。
- app.wxss，这是微信小程序的主样式表文件，在项目中可以不要。这个文件和 HTML 的 css 样式表文件作用相同。主样式表文件中设置的样式，在其他页面文件中也可以共享。

2.1.3　页面文件

微信小程序通常需要由多个页面来组成，每个页面由 4 个文件构成，这 4 个文件的主文件名必须通过 4 种不同扩展名来区分，扩展名的含义如下：

- js，页面的逻辑文件，在里面编写 JavaScript 代码控制页面逻辑，每个页面中必须有这个文件。
- wxml，这是页面的描述文件（类似 HTML 页面中扩展名为 html 或 htm 的描述文件），用来设计页面的布局，进行数据绑定等。每个页面中必须有这个文件。
- wxss，这是页面的样式表文件，用来定义本页面使用到的各类样式表。同时，页面还可使用 app.wxss 中定义的样式。当然，也可以使用内联样式，如果当前页面也有相同的样式描述，由使用层叠样式的规则来决定最终的样式。如果页面使用的样式都在 app.wxss 中定义了，这个文件也可以省略。
- json，这是页面配置文件。如果页面没有特殊配置，可以省略该文件，只使用 app.json 中的配置即可。

2.1.4 其他文件

在微信小程序中，除了使用上面介绍的文件之外，一般还会使用到图片、音频、视频、通用 js 模块等文件，这些文件可放置在项目中的任何位置，在调用时指定相对目录即可。如图 2-2 所示的目录结构中 utils 目录的 util.js 就是一个公用 js 库，其中默认包含了一个日期格式转换的函数，在某个页面中如果需要用到该函数，在页面的 js 文件中将其引入后就可直接使用。

类似的，像图片、音频、视频等资源类的文件也可单独创建子目录来存放。当然，一般在微信小程序中也只需要保存界面所使用的一些静态图片就可以，而音频、视频这些大文件放在后端网站即可。

2.2 配置文件详解

上节介绍了微信小程序的目录、文件组成方式，以及各文件类型的作用。本节详细介绍配置文件的内容，包括主配置文件和页面配置文件的内容。

2.2.1 主配置文件 app.json

主配置文件 app.json 位于项目主目录中，用来对当前项目进行全局配置。包括配置每个页面文件的路径、窗口表现、设置网络超时时间、设置多 tab 等。

首先看一下前面创建的项目 First 的主配置文件的内容，具体代码如下：

```
{
  "pages":[
    "pages/index/index",
    "pages/logs/logs"
  ],
  "window":{
    "backgroundTextStyle":"light",
    "navigationBarBackgroundColor": "#fff",
    "navigationBarTitleText": "WeChat",
    "navigationBarTextStyle":"black"
  }
}
```

可以看出，配置文件的内容就是一个 JSON 对象，其中的属性 pages 用来定义小程序中用到的页面，这个属性是个数组。上面代码中这个数组属性有 2 个值，表示该小程序有 2 个页面，一个页面位于"pages/index"目录下，名为"index"，另一个页面位于"pages/logs"目录下，名为"logs"。

而属性 window 则是用来定义窗口的表现形式，如上面的代码中，navigationBarTitleText 属性的值为"WeChat"表示设置窗口的标题为"WeChat"。

当然，主配置文件 app.json 中可供配置的并不只有上面代码所列的各项，下面列出主配置文件可用的各配置项。

1. 配置页面路径

在主配置文件 app.json 中的第一个配置项就是 pages，这是一个数组属性。在微信小程序中要使用到的页面都必须在 app.json 中进行配置，将其添加到 pages 数组中。

在 pages 数组中的每一项都是一个字符串，用来指定小程序由哪些页面组成。每一项代表对应页面的【路径+文件名】信息，文件名不需要写后缀，因为框架会自动寻找路径.json,.js,.wxml,.wxss 的 4 个文件进行编译组合。

位于 pages 数组中的第一项表示小程序的初始页面，即启动小程序时将运行显示的页面。

提示

小程序中新增/减少页面，都需要对 pages 数组进行修改。如果没有将页面的路径添加到 pages 数组中，即使小程序中的代码导航到该页面，仍然不能打开该页面，并且控制台不会显示任何提示信息，因此，在调试时如果打不开页面，首先应检查是否将页面添加到 pages 数组属性中。

2. 配置窗口状态

微信小程序运行时窗口的状态由主配置文件 app.json 中的 window 属性进行配置,这是一个 JSON 对象属性,包含以下属性,可用来设置窗口的名称、导航栏等。

- backgroundColor,用来设置窗口的背景色,与 HTML 中的颜色设置相同,使用十六进制的 RGB 方式设置颜色,如#ff0000 表示设置背景颜色为红色。这个属性的默认值为#ffffff(即白色)。
- backgroundTextStyle,用来设置下拉背景字体、loading 图的样式,目前只支持设置为 "dark" 或 "light" 这两个值,默认值为 "dark"。
- enablePullDownRefresh,用来设置是否开启下拉刷新,默认值为 false。
- navigationBarBackgroundColor,用来设置导航栏背景颜色,默认值为 "#000000",即黑色。
- navigationBarTextStyle,设置导航栏标题颜色,目前只支持 "black" 和 "white" 这两个值,默认值为 "white"。
- navigationBarTitleText,设置导航栏标题文字内容。

3. 配置窗口底部 tabBar

所谓 tabBar,是指在微信小程序底部有一个可以用来切换页面的 tab 栏。如图 2-4 所示的小程序底部有 1 个 tabBar,在该 tabBar 中有 2 个 tab,一个是当前激活状态的 "组件",其图标颜色显示比较醒目,另一个是右侧的处于未激活状态的"接口",其颜色很淡。单击某一个 tab,就可激活该 tab,以显示不同的页面。

要在微信小程序中使用 tabBar,需要在主配置文件 app.json 中加一个名为 "tabBar" 的属性,这个属性是一个数组,只能配置最少 2 个、最多 5 个 tab,tab 按数组的顺序排序。每个 tab 可配置显示的文字、图标等选项。另外,对于整个 tabBar 也可通过属性进行配置。

图 2-4 tabBar

图 2-4 所示 tabBar 效果在 app.json 中的配置代码如下所示:

```
//其他配置
```

```json
,
"tabBar": {
  "color": "#dddddd",
  "selectedColor": "#3cc51f",
  "borderStyle": "black",
  "backgroundColor": "#ffffff",
  "list": [{
    "pagePath": "page/component/index",
    "iconPath": "image/icon_component.png",
    "selectedIconPath": "image/icon_component_HL.png",
    "text": "组件"
  }, {
    "pagePath": "page/API/index/index",
    "iconPath": "image/icon_API.png",
    "selectedIconPath": "image/icon_API_HL.png",
    "text": "接口"
  }]
},
...
//其他配置
```

在 tabBar 中有 5 个属性可配置，分别如下：

- color，设置 tab 未激活状态的文字颜色，使用十六进制的颜色，如#dddddd。
- selectedColor,设置 tab 激活状态的文字颜色,使用十六进制的颜色,如#3cc51f。
- borderStyle，设置 tabBar 上边框的颜色，目前只支持设置为"black"或"white"。
- backgroundColor，设置 tab 的背景色，使用十六进制的颜色，如#ffffff。
- list，这是一个数，设置 tab 的列表项，最少 2 个、最多 5 个 tab。

如上面的代码所示，对于 list 这个数组属性，其中每一项又是一个对象，又可以设置 4 个属性值，这些属性值的含义如下：

- text，设置 tab 上显示的文字，如果为 tab 设置了图标，则文字位于图标下方。如果未设置图标，则只显示文字。
- iconPath，设置 tab 处于未激活状态时显示的图片路径，icon 图片大小限制为 40KB。
- selectedIconPath，设置 tab 处于激活状态时的图片路径，同样，icon 图片大小限制为 40KB。
- pagePath，设置触按该 tab 时跳转的页面路径，这里设置的页面路径必须在 pages 中进行了配置。

4. 其他配置

在微信小程序中有多种网络连接 API，例如 request 连接、socket 网络连接、上传文件、下载文件等网络操作的 API。在主配置文件 app.json 中可通过参数 networkTimeout 设置各种网络请求的超时时间。这是一个 JSON 对象属性，可通过以下各属性进行相关超时设置。

- connectSocket，设置 wx.connectSocket 接口网络请求的超时时间。
- downloadFile，设置 wx.downloadFile 下载文件接口的超时时间。
- uploadFile，设置 wx.uploadFile 上传文件接口的超时时间。
- request，设置 wx.request 网络请求接口的超时时间。

以上的超时时间设置的单位都是毫秒。

另外，在全局配置文件 app.json 中还有一个名为 debug 的属性，可以在开发者工具中开启 debug 模式，在开发者工具的控制台面板，调试信息以 info 的形式给出，其信息有 Page 的注册、页面路由、数据更新和事件触发，可以帮助开发者快速定位一些常见的问题。

以下是一个包含了所有配置选项的简单主配置文件 app.json：

```
{
  "pages": [
    "pages/index/index",
    "pages/logs/index"
  ],
  "window": {
    "navigationBarTitleText": "Demo"
  },
  "tabBar": {
    "list": [{
      "pagePath": "pages/index/index",
      "text": "首页"
    }, {
      "pagePath": "pages/logs/logs",
      "text": "日志"
    }]
  },
  "networkTimeout": {
    "request": 10000,
    "downloadFile": 10000
  },
```

```
  "debug": true
}
```

2.2.2 页面配置文件

主配置文件 app.json 的配置项很多，其配置是全局的，也就是说对所有页面都适用。但是，如窗口标题之类的，很多时候都需在不同页面显示不同标题。因此，每个页面也可能需要一个页面配置文件来对这些项目进行配置。

页面配置文件的文件名与页面其他 3 个文件名相同，扩展名为.json。例如，页面 index 的页面配置文件名全称为 index.json。

页面的配置比 app.json 主配置文件的项目要简单得多，在页面配置文件中只能设置 app.json 中的 window 配置项的内容（页面中配置项会覆盖 app.json 的 window 中相同的配置项），以决定本页面的窗口表现，所以无须写 window 这个键（但外部的花括号不能省），如下所示：

```
{
  "navigationBarBackgroundColor": "#ffffff",
  "navigationBarTextStyle": "black",
  "navigationBarTitleText": "演示程序",
  "backgroundColor": "#eeeeee",
  "backgroundTextStyle": "light"
}
```

2.3 逻辑层 js 文件

虽然微信小程序在整个系统中属于表现层，但是在这个前端中通常也需要对从后台接收到的数据进行进一步的加工处理。并且，界面中的数据也可能会根据数据的变化而改变。这些都要在前端编写一定的逻辑代码来实现。

微信小程序这个前端系统也进行了层次的划分，分为逻辑层和视图层。逻辑层实现数据的加工和处理。与 HTML 的页面类似，微信小程序的逻辑层由 JavaScript 编写。

逻辑层将数据进行处理后发送给视图层，同时接受视图层的事件反馈。为了方便微信小程序的开发，官方在 JavaScript 的基础上进行了一些封装和修改，主要有以下这些：

- 提供了 App 和 Page 方法，用来进行程序和页面的注册。
- 提供丰富的 API，如扫一扫、支付等微信特有能力。

- 每个页面有独立的作用域,并提供模块化能力。
- 由于框架并非运行在浏览器中,所以 JavaScript 在 Web 中的一些能力无法使用,如不能访问 document 和 window 等 JavaScript 对象。
- 开发者写的所有代码最终将被打包成一份 JavaScript,并在小程序启动的时候运行,直到小程序销毁。类似 ServiceWorker,所以逻辑层也称之为 App Service。

2.3.1 用 App 函数注册小程序

前面提到了,官方对逻辑层使用的 JavaScript 进行了一些封装,例如提供了一个注册 App 的函数,每个微信小程序必须在 app.js 中进行程序的注册,并且只能注册一次。因此,主逻辑文件 app.js 中必须包含注册的方法。

注册微信程序直接使用 App()函数即可,该函数的参数是一个 JSON 对象,在这个对象中可指定小程序的生命周期函数。可定义以下 3 个生命周期函数。

- onLaunch:当小程序初始化完成时,会触发这里定义的 onLaunch,全局只触发一次。
- onShow:当小程序启动,或从后台进入前台显示,会触发 onShow。
- onHide:当小程序从前台进入后台,会触发 onHide。

这里所说的前台、后台,是指微信小程序界面在手机中是否展示出来。当打开小程序并显示在屏幕上时,就称为小程序进入前台,会触发 onShow。当用户点击关闭按钮,或手机的返回主界面按钮(如 Home 键)离开微信时,小程序并不会直接被销毁,只是进入了后台,这时会触发 onHide。如果再次进入微信或再次打开小程序,又会从后台进入前台,触发 onShow。

当小程序进入后台一定时间,或手机资源占用过高,就会被手机系统从后台销毁。

查看第 1 章创建的 First 项目中的 app.js,具体代码如下:

```
//app.js
App({
  onLaunch: function () {
    //调用 API 从本地缓存中获取数据
    var logs = wx.getStorageSync('logs') || []
    logs.unshift(Date.now())
    wx.setStorageSync('logs', logs)
  },
  getUserInfo:function(cb){
```

```
    var that = this
    if(this.globalData.userInfo){
      typeof cb == "function" && cb(this.globalData.userInfo)
    }else{
      //调用登录接口
      wx.login({
        success: function () {
          wx.getUserInfo({
            success: function (res) {
              that.globalData.userInfo = res.userInfo
              typeof cb == "function" && cb(that.globalData.userInfo)
            }
          })
        }
      })
    }
  },
  globalData:{
    userInfo:null
  }
})
```

从上面的代码可看到，在 App()函数中只编写了一个名为 onLaunch 的函数，并没有定义 onShow 和 onHide 函数。也就是说，其实这 3 个函数都不是必需的，也可以不定义。

在上面代码中，除了 onLaunch 函数之外，还定义了一个名为 getUserInfo 的函数，用来获取用户信息。也就是说，开发者可以在 App()函数中添加任意名称的函数或数据到参数中，以完成特定的功能。

2.3.2 用 Page 函数注册页面

微信小程序中每个页面也必须使用 Page()函数进行注册，与 App()注册程序的函数类似，Page()函数也需要一个 JSON 对象作为参数，其中可定义页面的生命周期函数，还可编写自定义的函数用来响应页面的事件。更为重要的是，在参数中有一个名为 data 的属性，用来定义页面中使用到的数据。下面分别介绍这些内容。

每个页面的逻辑层 js 文件的名称与其他 3 个文件名称相同，只是扩展名为.js，例如，index 页面的逻辑层 js 文件的名称为 index.js。

首先看第 1 章创建的 First 项目中 index 页面的 index.js 的内容。

```
//index.js
//获取应用实例
var app = getApp()
Page({
  data: {
    motto: 'Hello World',
    userInfo: {}
  },
  //事件处理函数
  bindViewTap: function() {
    wx.navigateTo({
      url: '../logs/logs'
    })
  },
  onLoad: function () {
    console.log('onLoad')
    var that = this
    //调用应用实例的方法获取全局数据
    app.getUserInfo(function(userInfo){
      //更新数据
      that.setData({
        userInfo:userInfo
      })
    })
  }
})
```

1. 初始化数据

初始化数据位于 data 中，初始化数据将作为页面的第一次渲染。data 将会以 JSON 的形式由逻辑层传至视图层，所以其数据必须是可以转成 JSON 的格式，如字符串、数字、布尔值、对象、数组等。

如上面的代码中，在 data 中定义了名为 motto 的属性，是一个字符串值，还定义了一个名为 userInfo 的空对象。

视图层可以通过 wxml 对数据进行绑定（这在下一节中进行介绍）。如上面的代码定义了 data 的 2 个属性，在 wxml 中就可以使用 motto 和 userInfo 这两个变量了。

2. 生命周期函数

在 Page()函数的参数中可定义当前页面的生命周期函数。页面的生命周期函数有以下几个。

- onLoad：页面加载完调用该函数，一个页面只会调用一次。该函数的参数可以获取 wx.navigateTo 和 wx.redirectTo 及<navigator/>中的 query。
- onShow：页面显示时调用该函数，每次打开页面都会调用一次。
- onReady：页面初次渲染完成调用该函数。一个页面只会调用一次，代表页面已经准备妥当，可以和视图层进行交互。
- onHide：页面隐藏时调用该函数（当 navigateTo 或底部 tab 切换时调用该函数）。
- onUnload：页面卸载时调用该函数（当 redirectTo 或 navigateBack 的时候调用该函数）。
- onPullDownRefresh：下拉刷新时调用该函数。监听用户下拉刷新事件。需要在 config 的 window 选项中开启 enablePullDownRefresh。当处理完数据刷新后，wx.stopPullDownRefresh 可以停止当前页面的下拉刷新。

3. 事件处理函数

除了初始化数据和生命周期函数，Page 中还可以定义一些特殊的函数：事件处理函数。在视图层可以在组件中加入事件绑定，当达到触发事件时，就会执行 Page 中定义的事件处理函数。

例如，在视图中定义了按钮的单击事件，并绑定处理该单击事件的函数，则需要在 Page 中定义该事件函数。

```
<view bindtap="viewTap"> 单击测试</view>
```

上面的代码是在 wxml 文件中定义的事件 bindtap，值为 viewTap 表示是一个事件处理函数名称。在 Page 中可定义如下代码：

```
Page({
  viewTap: function() {
    console.log('view tap')
  }
})
```

这里的 viewTap 与上面的 wxml 文件中 viewTap 的事件处理函数名称相同，这样，当用户在页面中单击文字"单击测试"时就会调用 Page 中定义的 viewTap 函数。

4. 使用 setData 修改初始化数据

通常，初始化数据（即 data 中最初定义的数据）在页面中会随用户的操作而改变。例如，初始数据中的 motto 值可能会被用户输入一个新的值，这个值怎么更新到 data 的 motto 属性值中呢？

首先想到的是，在 JavaScript 代码中可通过 this.data.motto 来修改。但是，这种方式是无效的，这种方式无法改变页面中数据的状态，还会造成数据不一致。

为了更新数据，官方在 Page 对象中封装了一个名为 setData() 的函数，使用这个函数就可更新 data 中的数据。该函数接受一个对象，以 key,value 的形式表示将 this.data 中的 key 对应的值改变成 value。其中 key 可以非常灵活，以数据路径的形式给出，如 array[2].message，a.b.c.d，并且不需要在 this.data 中预先定义。

例如：

```
onLoad: function () {
    //更新数据
    this.setData({
      userInfo:userInfo
    })
}
```

以上程序中，使用 this.setData 函数更新了 userInfo 对象的数据。

2.4 页面描述文件 wxml

微信小程序的视图层将逻辑层的数据反应成视图，同时将视图层的事件发送给逻辑层。视图层主要由页面描述文件和页面样式文件组成。

页面描述文件的扩展名为 wxml，这是 WeiXin Markup Language 的简称，是微信定义的用来描述页面结构的一种类 XML 格式文件。

页面样式文件的扩展名为 wxss，这是 WeiXin Style Sheet 的简称，是微信定义的用来描述页面的样式，与 CSS 基本相同。

2.4.1 初识组件

打开第 1 章创建的项目 First 的 index 页面的页面描述文件 index.wxml，具体代码如下：

```
<!--index.wxml-->
<view class="container">
  <view bindtap="bindViewTap" class="userinfo">
    <image class="userinfo-avatar" src="{{userInfo.avatarUrl}}" background-size="cover"></image>
    <text class="userinfo-nickname">{{userInfo.nickName}}</text>
```

```
  </view>
  <view class="usermotto">
    <text class="user-motto">{{motto}}</text>
  </view>
</view>
```

可以看到，页面描述文件是由类似 HTML 的元素及属性来进行描述的。在微信小程序中，这些元素称为组件。

组件（Component）是视图的基本组成单元。组件的显示效果由页面样式文件中定义的样式进行控制。

在上面的代码中可看到使用了 3 个 view 组件，还使用了 1 个 image 组件和 2 个 text 组件。从这 3 种组件的使用可看出，微信小程序的组件与 HTML 的元素很相似，组件有开始标签（如<view>），有结束标签（如</view>），每个组件可设置不同的属性（如 class 属性，image 组件的 src 属性等），组件还可以嵌套（如 view 组件中又包含 view、image、text 组件）。

熟练使用微信小程序的组件，就可开发出适合项目需求的小程序，本书后面将用多个章节详细介绍微信小程序中常用组件的使用方法。

2.4.2 数据绑定

在 index.wxml 文件中可以看到多处有类似下面的代码：

```
<text class="user-motto">{{motto}}</text>
```

在这段代码中有一个由双大括号包起来的内容{{motto}}，运行该页面时看到的内容并不是{{motto}}，而是被一个串字符所取代。这就是微信小程序中的数据绑定。在运行 index 页面时，{{motto}}这部分内容（包括双大括号）会被 index.js 中 Page 函数定义的 data 属性中 motto 的内容所取代，这句话读起来很绕，看图 2-5 所示的示意图，就可以很快明白其含义。在微信小程序渲染页面时，发现{{motto}}，就会从 index.js 的 Page 函数的 data 属性查找 motto，找到这个变量，就把这个变量中的值渲染到对应位置，最后出现在页面中（如图 2-5 中右侧结果所示）。

注意

页面中的动态数据均来自对应 Page 的 data。

上面演示的数据绑定是绑定在组件的内容部分（即直接展示在页面中的内容），在微信小程序中数据绑定还可以绑定在组件的属性、运算、逻辑判断、控制等多方面。

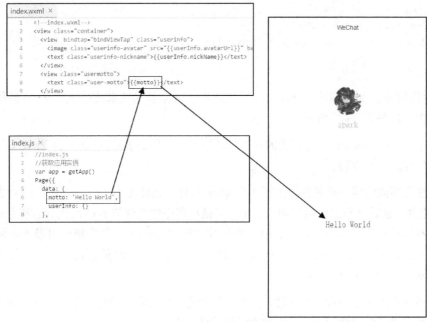

图 2-5 数据绑定示意图

我们编写一个数据绑定测试的页面 databind，具体操作步骤如下：

（1）在 First 项目的 pages 目录增加一个名为 databind 的子目录。

（2）在 databind 子目录中新建 databind.js、databind.wxml、databind.wxss、databind.json 这 4 个文件。

（3）修改 databind.json 文件内容，显示数据绑定页面的标题，具体代码如下：

```
{
    "navigationBarTitleText": "数据绑定"
}
```

（4）在 databind.js 中添加以下代码，为数据绑定准备初始数据。

```
Page({
  data: {
    content: '微信小程序数据绑定内容',
    hiddencontent:"隐藏的内容",
    flag:false,
    num1:1,
    num2:2,
    user:{
      name:"spark",
```

```
      age:18
    }
  }
})
```

在这段代码中，定义了 2 个字符串变量 content 和 hiddencontent，一个逻辑变量 flag、2 个数字变量 num1 和 num2，一个对象变量 user，该对象又包含 2 个属性。

（5）在 databind.wxml 中添加以下内容，完成组件布局和数据绑定的设置。

```
<view class="container">
  <view class="content">
   <text >{{content}}</text>
  </view>
  <view class="content" hidden="{{flag ? true : false}}">
   <text >{{hiddencontent}}</text>
  </view>
  <view class="content">
   <text >{{num1}} + {{num2}} = {{num1+num2}}</text>
  </view>
  <view>
   <text>{{ "hello " + user.name}}</text>
  </view>
</view>
```

在这个页面描述文件中，使用 view 组件和 text 组件来绑定数据。其中，以下代码将数据绑定到组件的内容，即在 text 组件中显示 content 变量的内容。

```
<view class="content">
  <text >{{content}}</text>
</view>
```

下面的代码也进行了内容绑定，不同的是，在组件的 hidden 属性中也使用了数据绑定。这样，当 flag 变量的值变化，view 组件是否显示也会随之而变化。同时，hidden 属性绑定的也不是一个简单的变量，而是一个三元运算表达式，最终会根据表达式运算结果来控制（当然，这里其实可以直接绑定 flag 变量就好了，现在这样写只是向读者介绍可以绑定运算表达式）。当运算表达式的结果为逻辑值 true 时，当前 view 组件将不会显示在页面中。

```
<view class="content" hidden="{{flag ? true : false}}">
  <text >{{hiddencontent}}</text>
</view>
```

再看下面的代码，也是一种运算表达式的绑定形式。

```
<view class="content">
```

```
    <text >{{num1}} + {{num2}} = {{num1+num2}}</text>
</view>
```

看下面的代码,在内容绑定中也使用了运算表达式方式的绑定,并且,这里绑定的变量是对象 user 的 name 属性。

```
<view>
    <text>{{ "hello " + user.name}}</text>
</view>
```

(6)编写样式表。由于本例主要演示数据绑定,因此样式比较简单,只使用 container 和 content 这两个样式 class,而 container 已在 app.wxss 中定义,所以,在 databind.wxss 中只需定义 content 的样式就可以了。这里简单定义了内间距和外间距及边框,具体代码如下:

```
.content{
    margin:20rpx;
    padding:20rpx;
    border:1px solid #eee;
}
```

(7)最后,修改 app.json,将以下代码添加到 pages 中(放在第 1 项中)。

```
{
 "pages":[
  "pages/databind/databind",
  "pages/index/index"
 ],
 ……
```

完成页面设计之后,进入调试界面,可看到如图 2-6 左图所示的数据绑定结果。如果将 Page 中 data 的 flag 值改为 true,可看到调试结果如图 2-6 右图所示("隐藏的内容"这部分内容已被隐藏了)。

图 2-6 数据绑定结果

2.4.3 条件渲染

前面介绍的数据绑定比较简单,接下来看下更高级的小程序数据绑定,包括条件渲染、列表渲染及使用模板等内容。

所谓条件渲染,是指根据绑定表达式的逻辑值来判断是否渲染当前组件。在上面的代码中,有一段使用 hidden 属性的代码:

```
<view class="content" hidden="{{flag ? true : false}}">
  <text >{{hiddencontent}}</text>
</view>
```

在上面的条码中,当 flag 变量的值为 true 时,view 组件及其包含的子组件将不会渲染,当 flag 变量的值为 false 时,将 view 组件渲染输出到页面。

1. wx:if 条件渲染

在微信小程序的 wxml 文件中,提供了另一种方式来进行类似的条件渲染。就是使用 wx:if 这个属性来控制是否渲染当前组件,具体代码如下:

```
<view wx:if="{{condition}}"> True </view>
```

在以上代码中,当 condition 变量的值为 true 时,view 组件将渲染输出,当 condition 变量的值为 false,view 组件将不渲染。

看起来 wx:if 属性与组件的 hidden 类似,不同的是,控制是否渲染的逻辑变量值相反而已。不过,使用 wx:if 可以更方便地控制,可以使用 wx:elif、wx:else 来添加多个分支块,当控制表达式的值为 true 渲染一个分支,控制表达式的值为 false 时渲染另一个分支。例如,有以下代码:

```
<view wx:if="{{length > 5}}"> 1 </view>
<view wx:elif="{{length > 2}}"> 2 </view>
<view wx:else> 3 </view>
```

以上代码中,当 length 的值大于 5 时,在界面中渲染输出的是数字 1,当 length 的值小于 5 且大于 2 时,在界面中渲染输出的是数字 2,而 length 的值小于等于 2 时,在界面中渲染输出的是数字 3。

2. block wx:if 条件渲染

从上面的例子可看到,wx:if 控制属性需要添加到一个组件中,作为组件的一个属性来使用。

当需要通过一个表达式去控制多个组件时,一种方式是为每个组件都添加一个

wx:if 控制属性。但更好的方式是使用<block>标签将多个组件包装起来，然后在<block>标签中添加一个 wx:if 控制属性即可。如下面所示的代码：

```
<block wx:if="{{condition}}">
  <view> view1 </view>
  <view> view2 </view>
</block>
```

以上代码中，当 condition 变量的值为 true 时，将渲染输出其包含的 2 个 view 组件的内容，而当 condition 变量的值为 false 时，则不会渲染其包含的 2 个 view 组件的内容。

> **注意**
> <block/>并不是一个组件，它仅仅是一个包装元素，不会在页面中做任何渲染，只接受控制属性。

2.4.4 列表渲染

即然有 wx:if 控制属性进行分支渲染，肯定也就会提供循环渲染的控制属性。

1. wx:for 列表渲染

在组上使用 wx:for 控制属性，就可以进行这种循环渲染了，具体格式如下：

```
<view wx:for="{{items}}">
  {{index}}: {{item.message}}
</view>
```

在上面的代码中，为 wx:for 控制属性绑定的变量 items 是一个数组。渲染时会取出数组 items 中的每个元素作为数据，用于渲染包含的组件。在渲染时，通过 index 变量获取数组的下标，通过 item 获取数组当前项的具体内容。

例如，以下代码定义了一个名为 users 的数组：

```
//wxfor.js
Page({
  data:{
    users:[{
        name:"张三",
        age:18
    },{
        name:"李四",
        age:19
```

```
    },{
        name:"王五",
        age:20
    }]
 }
})
```

以下 wxml 代码使用 wx:for 控制属性进行列表渲染：

```
//wxfor.wxml
<view class="container">
    <view wx:for="{{users}}" class="content">
        <text>{{index}}-{{item.name}}-{{item.age}}</text>
    </view>
</view>
```

以上代码渲染输出的结果如图 2-7 所示。

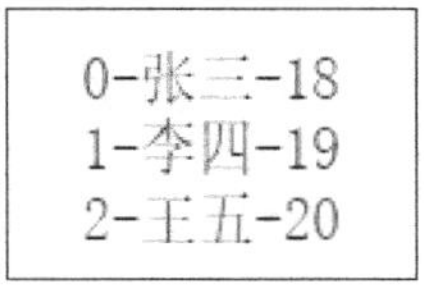

```
0-张三-18
1-李四-19
2-王五-20
```

图 2-7　列表渲染

由于数组 users 中共有 3 个元素，因此，view 组件将被循环渲染 3 次，每次取数组中的一个元素作为数据进行渲染，最后得到的 wxml 如下所示：

```
<viewclass="container">
    <viewclass="content">
        <text>0-张三-18</text>
    </view>
    <viewclass="content">
        <text>1-李四-19</text>
    </view>
    <viewclass="content">
        <text>2-王五-20</text>
    </view>
</view>
```

在 wx:for 列表渲染中，默认当前下标变量名是 index，默认当前元素变量名为 item，因此，在上面的代码中，使用 index 可得到一个下标值（0~3），而 item 则相当于一个数组元素，上面代码中一个数组元素就是一个用户对象，因此，通过 item.name 可获得当前元素的 name 属性，使用 item.age 可获得当前元素的 age 属性。

2. 重命名下标和变量名

在 wxml 中也可以将数组当前下标变量名和当前元素变量名进行重命名，使用 wx:for-item 可以指定数组当前元素的变量名，使用 wx:for-index 可以指定数组当前下标的变量名。前面的代码可修改为如下形式：

```
<view class="container">
    <view wx:for="{{users}}" wx:for-index="idx" wx:for-item="user"
        class="content">
        <text>{{idx}}-{{user.name}}-{{user.age}}</text>
    </view>
</view>
```

3. wx:for 嵌套

wx:for 控制属性支持嵌套使用，例如，以下代码可输出一个九九乘法表。

```
<view wx:for="{{[1, 2, 3, 4, 5, 6, 7, 8, 9]}}" wx:for-item="i">
    <view wx:for="{{[1, 2, 3, 4, 5, 6, 7, 8, 9]}}" wx:for-item="j">
        <view wx:if="{{i <= j}}">
            {{i}} * {{j}} = {{i * j}}
        </view>
    </view>
</view>
```

4. block wx:for 包装

与 block wx:if 类似，在 wxml 中也可以使用<block>标签包装多个组件进行列表渲染。例如，上面输出九九乘法表的代码也可改为以下形式：

```
<view class="container">
    <block wx:for="{{[1, 2, 3, 4, 5, 6, 7, 8, 9]}}" wx:for-item="i">
        <block wx:for="{{[1, 2, 3, 4, 5, 6, 7, 8, 9]}}" wx:for-item="j">
            <view wx:if="{{i <= j}}">
                {{i}} * {{j}} = {{i * j}}
            </view>
        </block>
    </block>
</view>
```

2.4.5 使用模板

在微信小程序的 wxml 文件中，如果某几个组件的组合要反复使用到，这时，可以考虑将这些组件的组合定义为一个模板，然后就可在 wxml 中直接使用这个模板了。

1. 定义模板

模板的代码也由 wxml 组成，因此其定义也是在 wxml 文件中，定义模板的格式如下：

```
<template name="userTemp">
    <view class="user">
        <view>姓名：{{item.name}}</view>
        <view>性别：{{item.sex}}</view>
        <view>年龄：{{item.age}}</view>
    </view>
</template>
```

从上面的定义示例代码可看出，定义模板时，使用<template>标签，模板的名称由 name 属性设置，在模板中使用小程序的组件进行定义，使用方法与直接使用组件是一样的，数据绑定也相同。如上例代码中，绑定了 item.name，其中 item 是在调用模板时传入的一个对象，该对象的属性即可在模板中绑定渲染。

2. 使用模板

模板定义好之后，就可以进行调用了。调用模板的格式如下：

```
<template is="模板名称" data="{{传入的数据}}"/>
```

标签名称仍然为<template>，使用 is 属性指定调用的模板名称，data 属性将数据传入模板中，如果模板中不需要传入数据，也可以省略 data 属性。

3. 模板示例

下面演示一个模板使用的案例。这里只列出主要的 js 和 wxml 文件，其中 wxml 文件的内容如下，代码中的注释说明了代码具体的作用：

```
<view class="container">
    <!--列表渲染-->
    <block wx:for="{{users}}">
        <!--调用模板，传入 item 对象数据-->
        <template is="userTemp" data="{{item}}"/>
    </block>
</view>
<!--定义模板-->
<template name="userTemp">
    <view class="user">
        <view>姓名：{{item.name}}</view>
        <view>性别：{{item.sex}}</view>
        <view>年龄：{{item.age}}</view>
```

```
    </view>
</template>
```

在 js 文件中准备如下数据：

```
Page({
  data:{
    users:[{
        name:"张三",
        sex:"男",
        age:18
    },{
        name:"李四",
        sex:"男",
        age:19
    },{
        name:"王丽",
        sex:"女",
        age:20
    }]
  }
})
```

切换到调试界面，可看到如图 2-8 所示的结果。

图 2-8　使用模板

注意

模板拥有自己的作用域，只能使用 data 传入的数据。

2.4.6 引用其他页面文件

在 wxml 页面文件中除了直接编写组件的代码外,也可以引用其他页面文件。这样,就可以把一些常用 wxml 代码放在一个文件中(例如,可以将一些模板代码定义在一个文件),然后在其他页面中引用即可。

wxml 提供了两种方式来引用其他页面文件。

1. import 方式引用文件

如果被引用的文件定义了模板代码,则需要使用 import 方式进行引用。例如:

在 template.wxml 中定义了一个叫 item 的模板,具体代码如下:

```
<!-- template.wxml -->
<template name="item">
    <text>{{text}}</text>
</template>
```

在 index.wxml 中如果要使用名为 item 的模板,则在 index.wxml 文件中可按以下方式引用 template.wxml 文件,然后就可以在 index.wxml 中使用名为 item 的模板了:

```
<import src="template.wxml"/>
<template is="item" data="{{text: 'import test'}}"/>
```

在 template.wxmls 文件中还可以使用 import 引入其他文件中定义的模板。

> **注意**
>
> import 有作用域的概念,即只会 import 源文件中定义的模板,而不会 import 源文件中又使用 import 引用的文件中的模板。

2. include 方式引用文件

使用 include 可以将源文件中除了模板定义之外的其他代码全部引入,其引入方式相当于将源文件中的代码拷贝到 include 所在位置。

例如,有一个名为 header.wxml 的文件:

```
<!-- header.wxml -->
<view class="header">
    <image src="../images/logo.png"></image>
    <text>APP 标题</text>
</view>
```

在 index.wxml 文件中用 include 方式引用 header.wxml 文件，具体代码如下：

```
<!-- index.wxml -->
<include src="header.wxml"/>
<view> 页面内容</view>
```

以上代码的结果，与下面的结果相同。

```
<!-- index.wxml -->
<view class="header">
    <image src="../images/logo.png"></image>
    <text>APP 标题</text>
</view>
<view> 页面内容</view>
```

也就是用 header.xml 文件中的内容替代了 index.wxml 中的<include>这一行中的内容。

2.5 页面的事件

在 wxml 页面文件中，通过定义事件来完成页面与用户的交互，同时通过事件将视图层（wxml 页面文件）与逻辑层（js 逻辑文件）进行通信。

在 wxml 页面文件中，事件可以绑定到组件上，当事件触发时，就会执行逻辑层中对应的事件处理函数，在调用事件处理函数时，还可以将事件对象作为参数传入到处理函数中，而事件对象可以携带额外信息，如 id、dataset、touches 等数据就可以传入到事件处理函数。

2.5.1 事件类型

在小程序中，事件分为两大类型：

- 冒泡事件，当一个组件上的事件被触发后，该事件会向父节点传递。
- 非冒泡事件，当一个组件上的事件被触发后，该事件不会向父节点传递。

首先看一下小程序中提供的冒泡事件，共有以下几个。

- touchstart：手指触摸。
- touchmove：手指触摸后移动。
- touchcancel：手指触摸动作被打断，如来电提醒、弹窗。
- touchend：手指触摸动作结束。
- tap：手指触摸后离开。

- longtap：手指触摸后，超过 350ms 再离开。

除上面所列出的事件之外，其他组件自定义事件都是非冒泡事件，如<form/>的 submit 事件，<input/>的 input 事件，<scroll-view/>的 scroll 事件（各组件的自定义事件将在介绍组件时再列出）。

2.5.2 事件绑定

在小程序中，事件的绑定很简单，在组件的属性中定义一个绑定事件的属性，并设置该属性的值即可。

作为组件的属性，是以 bind 或 catch 开头，再加上事件类型字符串。如要为组件的触摸离开事件设置绑定，则在该组件中增加一个名为 bindtap 或 catchtap 的属性。而该属性的值则是在 js 中定义的处理该事件的事件处理函数名称。如果 js 中不存在该函数名称，触发事件后将会报错。

> **提示**
>
> bind 开头的事件绑定不会阻止冒泡事件向上冒泡，catch 开头的事件绑定可以阻止冒泡事件向上冒泡。

例如：

```
<view id="tapTest" bindtap="tapName"> Click me! </view>
```

以上代码中，当用户点击该组件的时候会在该页面对应的 Page 中找相应的事件处理函数 tapName，找到后执行该函数。因此，需要在 js 中编写类似下面的事件处理函数：

```
Page({
  tapName: function(event) {
    console.log(event)
  }
})
```

以上事件处理函数中，将事件传入的参数输出到控制台中。

2.5.3 事件对象

在上面的示例代码中，当执行事件处理函数时，传入了一个名为 event 的参数，该参数是一个事件对象，是从视图层传入的。在事件处理函数中通过该参数的属性可获得很多的信息。下面先看看这个事件对象的输出内容，如图 2-9 所示。

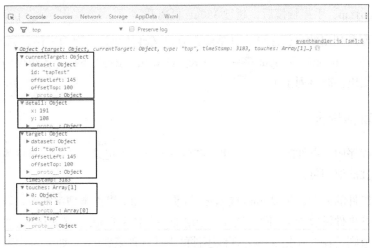

图 2-9　事件对象

在图 2-9 中可看到输入的是一个 Object（事件对象），展开该对象后可看到有 6 个属性，有 4 个属性又是一个对象，可以继续展开。为了方便读者观察，图中将 4 个对象属性单独圈出来了。下面介绍事件对象各属性的含义。

1. type 属性

这是一个字符串，用来表示当前事件的类型，图 2-9 中显示的是"tap"，表示当前处理的事件是一个 tap 类型的事件。

2. timeStamp 属性

这是一个整数，表示该页面打开到触发事件所经过的毫秒数。

3. target 属性

这是一个对象，表示触发事件的源组件，该对象具有以下属性。

- id：当前触发事件的组件的 id。
- dataset：当前组件上由 data-开头的自定义属性组成的集合。
- offsetLeft, offsetTop：当前组件的坐标系统的偏移量。

以上属性中，dataset 集合使用得较多，通过这个集合可以获取组件中自定义数据的值。例如，有以下组件代码：

```
<view data-org="test" data-level="2" bindtap="bindViewTap">自定义数据</view>
```

上面的代码中，有 2 个以 data-开头的属性，这就是组件的自定义数组，并在该组件上绑定了 bindtap 事件处理函数 bindViewTap，则在 bindViewTap 事件处理函数中，可通过 event 事件对象的属性访问到该组件的自定义数组，具体代码如下：

```
Page({
 bindViewTap:function(event){
   console.log(event.target.dataset.org)
   console.log(event.target.dataset.level)
 }
})
```

以上代码将在控制台输出组件中 2 个自定义数据的值。可以看出，引用方式很简单，在 dataset 集合中保存了 2 个无 data-前缀的自定义数据。

4. currentTarget 属性

这是一个对象，表示事件绑定的当前组件。其属性与 target 属性的相同，并且，在大多数情况下，这两个属性的值都相同，即事件绑定的组件和触发事件的源组件是相同的。但是，如果组件嵌套，并且外层组件和内层组件都定义了事件处理函数，这时触按内层组件时，外层组件的事件处理函数中，这 2 个属性的对象会不同。大多数情况下都不需要处理这种情况，这里也就不展开介绍了，有兴趣的读者可自己编写代码验证。

5. touches 属性

这是一个数组，用来保存触摸点信息，每个触摸点包括以下属性。

- pageX,pageY：距离文档左上角的距离，文档的左上角为原点，横向为 X 轴，纵向为 Y 轴。
- clientX,clientY：距离页面可显示区域（屏幕除去导航条）左上角距离，横向为 X 轴，纵向为 Y 轴。
- screenX,screenY：距离屏幕左上角的距离，屏幕左上角为原点，横向为 X 轴，纵向为 Y 轴。

6. detail 属性

这是一个对象，用来保存特殊事件所携带的数据，如表单组件的提交事件会携带用户的输入，媒体的错误事件会携带错误信息，详见组件定义中各个事件的定义。

2.6 页面样式文件 wxss

视图层除了定义页面文件 wxml 之外，通常还需要使用页面样式文件 wxssf 进行样式修饰。

wxss（WeiXin Style Sheets）是一套样式语言，用于描述 wxml 的组件样式。wxss 用来决定 wxml 的组件应该怎么显示。

在小程序中，wxss 具有 CSS 的大部分特性，如选择器支持 id 选择器、类选择器、伪类选择器等。同样，也支持 class 和 style 方式设置组件的样式。

第 1 章也介绍了，定义在 app.wxss 中的样式为全局样式，作用于每一个页面。在 page 的 wxss 文件中定义的样式为局部样式，只作用在对应的页面，并会覆盖 app.wxss 中相同的选择器。

小程序对 CSS 进行了扩充以及修改。有关 CSS 方面的内容这里就不介绍了，读者可参考相关教程，这里主要介绍小程序对 CSS 的扩充和修改部分的内容。

2.6.1 尺寸单位

在 CSS 中，尺寸单位有很多，如像素 px、厘米 cm、毫米 mm、英寸 in、百分比% 等，这些在小程序中仍然可以使用。在小程序中另外又扩展了 2 种尺寸单位，分别是：

- rpx（responsive pixel）：可以根据屏幕宽度进行自适应。规定屏幕宽为 750rpx。如在 iPhone6 上，屏幕宽度为 375px，共有 750 个物理像素，则 750rpx = 375px = 750 物理像素，则 1rpx = 0.5px = 1 物理像素。
- rem（root em）：规定屏幕宽度为 20rem；1rem = (750/20)rpx。

在定义 wxss 文件时，如果用到尺寸单位，建议尽量使用小程序扩展的这 2 种。

2.6.2 样式导入

使用@import 语句可以导入外联样式表，@import 后跟需要导入的外联样式表的相对路径，用;表示语句结束。

例如，有以下这个通用样式文件：

```
/** common.wxss **/
.small-p {
  padding:5rpx;
```

```
  Margin:10rpx;
}
```

在 index.wxss 样式文件中,可直接将上面定义好的样式导入,具体代码如下:

```
/** index.wxss **/
@import "common.wxss";
.middle-p {
  padding:15rpx;
}
```

这样,在 index.wxml 中就可使用 small-p 和 middle-p 这两个 class 来修饰组件了。

第 2 篇

微信小程序常用模块

第 3 章　快速开发 UI 界面

第 4 章　美化 UI 界面

第 5 章　保存数据到本地

第 6 章　旅行计划调查

第 7 章　微信小程序的交互反馈

第 8 章　用多媒体展示更多

第 9 章　与后台交互

第 10 章　使用手机设备

第 3 章 快速开发 UI 界面

微信小程序开发框架为开发人员提供了一系列的基础组件（到目前为止，微信小程序开发框架提供了 8 类 24 种基础组件，根据需要官方也可能还会增加新的组件），使用这些基础组件可实现界面的快速开发。本章以一个简单计算器的设计为例，演示微信小程序快速开发的过程。

3.1 认识小程序的组件

微信小程序提供了视图容器组件、基础内容组件、表单组件、操作反馈组件、导航组件、媒体组件、地图组件、画布组件等 8 类组件，包括了大部分 UI 需要用到的组件。

3.1.1 小程序的组件

在微信小程序中，组件是视图层（UI）的基本组成单元，自带一些基本功能以及微信风格的样式。其实，微信小程序的组件就是开发框架对 HTML5 元素的封装。这样，微信小程序通过使用组件，就引用了 HTML5 的相关元素。例如，微信小程序提供的 view 组件，就与 HTML 中的 DIV 标签类似。如下所示是第 1 章创建的 first 项目中 pages/index/index.wxml 文件的内容。

```
<view class="container">
  <view bindtap="bindViewTap" class="userinfo">
    <image class="userinfo-avatar" src="{{userInfo.avatarUrl}}" background-size="cover"></image>
```

```
    <text class="userinfo-nickname">{{userInfo.nickName}}</text>
  </view>
  <view class="usermotto">
    <text class="user-motto">{{motto}}</text>
  </view>
</view>
```

运行结果如图 3-1 所示。

图 3-1 使用 view 组件的效果

将上面代码中的 view 全部替换为 div，如下所示。

```
<div class="container">
  <div bindtap="bindViewTap" class="userinfo">
    <image class="userinfo-avatar" src="{{userInfo.avatarUrl}}" background-size="cover"></image>
    <text class="userinfo-nickname">{{userInfo.nickName}}</text>
  </div>
  <div class="usermotto">
    <text class="user-motto">{{motto}}</text>
  </div>
</div>
```

编译调试，可看到结果仍然如图 3-1 所示，完全相同。

但是，要注意的是，微信小程序框架并不完全兼容 HTML 标签，这里的 DIV 可替换 view 组件只是一个特例，在实际开发中也不建议用 DIV 替换 view 组件，而应该使用微信小程序框架提供的组件去设计 UI。

3.1.2 组件的使用

目前微信小程序开发工具版本号为 0.12.130400，还不能像其他程序开发工具（如 Eclipse 等）一样能提供所见即所得的可视化 UI 设计能力，现在只能通过在 wxml 文件中输入组件标签的方式来使用组件。

微信小程序的 WXML 表示文件是 WeiXin Markup Language（即微信标记语言），该文件符合可扩展标记语言（eXtensible Markup Language）规范，每一个组件都是由一对标签组成的，有开始标签和结束标签，标签可用属性修饰，开始标签和结束标签之间可放置内容，内容又可以是一个组件，即标签可以嵌套。具体的格式如下：

```
<标签名 属性="属性值">
  内容...
</标签名>
```

组件的标签名、属性名都是小写字母。

例如：

```
<view class="container">
  <text class="userinfo-nickname">{{userInfo.nickName}}</text>
</view>
```

上面的代码中，view 和 text 就是标签名称，分别表示 2 个组件，其中组件 text 作为组件 view 的内容。在 view 组件中，有一个 class 属性，其值为 container，text 组件也有一个 class 属性，其值为 userinfo-nickname，text 组件的内容为{{userInfo.nickName}}。

虽然微信开发工具没有可视化的组件设计器，只能手工输入组件标签。不过，在输入标签过程中，开发工具提供了代码提示，可辅助程序员快速、正确地输入标签。例如，在编辑界面中输入<v，将显示代码提示，如图 3-2 所示。

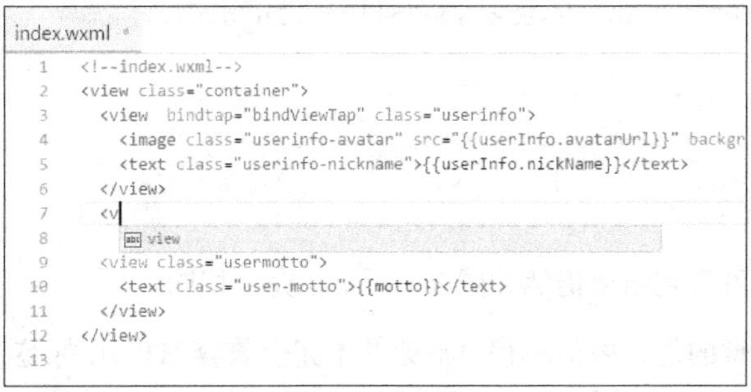

图 3-2　代码提示

需要注意的是，开发工具的编辑器中的代码提示是根据当前文档中已有单词来进行提示的，并不是根据所有组件标签关键字进行提示。在图 3-2 中，因为在当前文件中以字母 v 开头的只有 view，因此，只显示 view 这一个关键字。如果输入字母 u，由于当前文件中以字母 u 开头的有多个关键词，因此将显示一个列表，如图 3-3 所示。

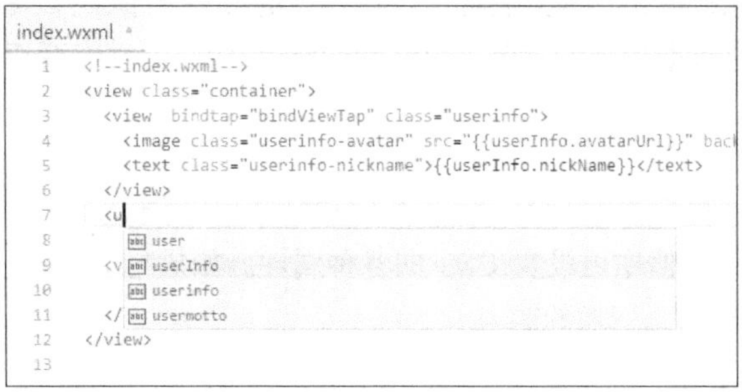

图 3-3　代码提示列表

当代码提示中只有一个关键词（如图 3-2 所示）时，按回车键即可快速选择该关键词输入；当代码提示中有多个关键词（如图 3-3 所示）时，可继续输入字符直到只出现一个提示是按回车键完成输入，也可按键盘的上下光标移动键选择需要输入的关键词，然后按回车键完成输入（当然，也可用鼠标直接单击列表中的某一个关键词直接完成输入）。

对于一个空白文档（即还没有任何内容的文档），这时没有代码提示。如图 3-4 所示，输入<v 后并不会出现 view 的提示。

图 3-4　无代码提示

3.1.3　组件的通用属性

组件除了标签名之外，还可有各种属性，通过属性的修饰，可对组件进行细化调整，如设置组件的 ID，设置组件的 class、style 等。根据组件功能的不同，各组件之间具有不同的属性。不过，也有一些各组件都具有的通用属性，本节将这些属性列出来，以后使用时就不再单独介绍了。

1. id 属性

id 属性为字符串类型（String），与 HTML 中的 id 属性类似，这是组件的唯一标示，在同一页面中 id 属性必须保持唯一，不能重复。在 HTML 页面中，JavaScript 代码通过 id 属性获取组件的 DOM 对象，然后对该对象的数据、样式进行操控。在微信小程序中，由于微信小程序开发框架提供了动态数据绑定技术，程序小程序不再使用

id 来获取 DOM 对象。因此，id 属性已经很少使用了。

2. class 属性

class 属性为字符串类型（String），与 HTML 相同，通过 class 属性来设置组件的样式类。该属性的值为样式类名称，该样式类的 CSS 样式定义在对应的 WXSS 文件中。如果与动态数据绑定相结合，组件的 class 也将具有动态变换的能力。

3. style 属性

style 属性为字符串类型（String），与 HTML 相同，通过 style 属性可设置组件的内联样式。style 属性值中可设置 CSS 的各种属性。如果与动态数据绑定相结合，组件的 style 也将具有动态变换的能力。

4. hidden 属性

hidden 属性是一个逻辑值（Boolean），用来决定该组件是否显示。默认情况下，hidden 属性的值为 false，即组件为显示状态（不隐藏）。

5. data-*属性

data-*属性可为任何类型，与 HTML5 的 data-*相同，可用来为组件设置任意的自定义属性值。当组件上绑定的事件触发时，这些自定义属性将作为参数发送给事件处理函数，在事件处理函数中可通过传入参数对象的 currentTarget.dataset 方式来获取自定义属性的值。

例如，在以下代码中定义了 2 个自定义属性 data-test 和 data-spark，并定义了触按事件处理函数 bindCustomTap：

```
<view class="usermotto" bindtap="bindCustomTap" data-test="test1" data-spark="spark">
```

事件处理函数 bindCustomTap 的定义如下：

```
bindCustomTap:function(e){
    console.log(e);
}
```

事件触发时传入参数 e，事件处理函数将传入的参数打印在控制台。

编译调试，触按上面定义的 view 组件，可看到如图 3-5 所示的结果。

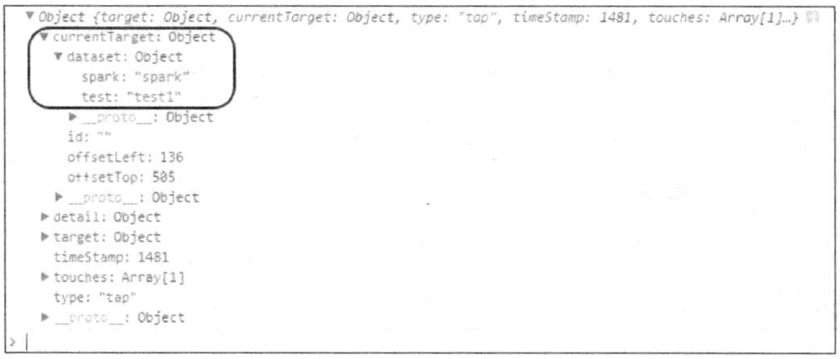

第 3 章 快速开发 UI 界面

图 3-5 参数传入的自定义属性

在参数 e 的属性对象 currentTarget.dataset 中具有 2 个属性 spark 和 test，这 2 个属性对应 view 组件中的 2 个自定义属性 data-spark 和 data-test。在事件处理程序中可以按以下方式引用这 2 个属性：

```
e.currentTarget.dataset.spark
e.currentTarget.dataset.test
```

6. bind*/catch*属性

这 2 个属性是用来为组件定义事件的。如上面例子中为 view 组件定义触按事件使用的 bindtap。其中 bind 和 catch 的区别是，bind 事件绑定不会阻止冒泡事件向上冒泡，catch 事件绑定可以阻止冒泡事件向上冒泡。有关冒泡事件的概念由于本书篇幅所限，不详细介绍，读者可参阅相关文档进行了解。

3.2 加法计算器

学习微信小程序组件的最好办法就是做实际的案例，本节做一个最简单的案例，如图 3-6 所示的加法计算器，该案例只有一个页面，在"被加数"和"加数"中输入两个数，按"计算"按钮即可在"结果"中显示计算的结果。

图 3-6 加法计算器

分析图 3-6 所示 UI，要实现该 UI，至少需使用到两个可输入数据的组件，一个按钮组件，一个显示结果的组件。另外，还需要将这些组件放置到一个容器控件中。也就是说，本案例将使用到微信小程序的以下组件。

- view 组件：作为容器；
- input 组件：用来接收用户输入数据和显示结果；
- button 组件：接收用户单击，进行计算，得到结果。

3.2.1 认识 view 组件

view 组件是一个容器组件，在微信小程序中被广泛使用。所谓容器组件，是指可在其中放置其他组件，当然也可使用 view 组件显示具体文字内容。

下面看一个使用 view 组件的示例。

首先看看 wxml 文件的内容。

```
<view class="page">
 <view class="page__hd">
  <text class="page__title">view</text>
 </view>
 <view class="page__bd">
  <view class="section">
   <view class="section__title">flex-direction: row</view>
   <view class="flex-wrp" style="flex-direction:row;">
    <view class="flex-item bc_green">1</view>
    <view class="flex-item bc_red">2</view>
    <view class="flex-item bc_blue">3</view>
   </view>
  </view>
  <view class="section">
   <view class="section__title">flex-direction: column</view>
   <view class="flex-wrp" style="height: 300px;flex-direction:column;">
    <view class="flex-item bc_green">1</view>
    <view class="flex-item bc_red">2</view>
    <view class="flex-item bc_blue">3</view>
   </view>
  </view>
 </view>
</view>
```

在上面的代码中，首先最外层使用 view 组件作为容器，在内部使用 view 组件显示文本内容(上面代码中只有标题部分使用text组件显示标题内容，其他都是使用view

组件）。

由于上面代码中没有数据绑定，也没有事件绑定，因此，js 文件和 wxss 文件都可以不要，调试运行可看到如图 3-7 左图所示效果。

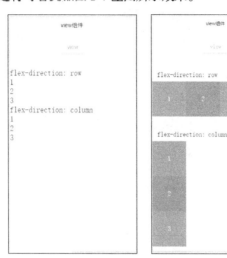

图 3-7　view 组件示例

在上面代码中，每个 view 组件都设置了 class 属性，通过这个属性可引用 wxss 中定义的样式控制页面中组件的显示样式。同时，有的 view 组件还通过 style 属性设置了内联样式。具体的样式文件写入 wxss 文件中，代码如下：

```
page {
  background-color: #fbf9fe;
  height: 100%;
}
.page__hd{
   padding: 50rpx 50rpx 100rpx 50rpx;
   text-align: center;
}
.page__title{
   display: inline-block;
   padding: 20rpx 40rpx;
   font-size: 32rpx;
   color: #AAAAAA;
   border-bottom: 1px solid #CCCCCC;
}
.section{
   margin-bottom: 80rpx;
```

```
}
.section__title{
   margin-bottom: 16rpx;
   padding-left: 30rpx;
   padding-right: 30rpx;
}
.flex-wrp{
 height: 100px;
 display:flex;
 background-color: #FFFFFF;
}
.flex-item{
 width: 100px;
 height: 100px;
 color: #FFFFFF;
 display: flex;
 justify-content: center;
 align-items: center;
}
.bc_green{
   background-color: #09BB07;
}
.bc_red{
   background-color: #F76260;
}
.bc_blue{
   background-color: #10AEFF;
}
```

编写好 wxss 文件之后，再调试运行，就可看到图 3-7 右图所示的结果了。

从这个示例可看出，view 组件作为容器组件，其中可包括其他组件（包括 view 组件），也可以作为显示内容的组件，如示例中显示的"flex-direction:row"、颜色方块、颜色方块中的数字等。

本章前面也说过，view 组件类似 HTML 中的 DIV，因此，在 UI 中被广泛使用。

3.2.2 认识 input 组件

input 作为接收用户输入的组件，要接收用户输入 text, number, idcard, digit, time, date 等类型的数据。

与 view 组件相比，input 组件具有更多的特定属性，由于篇幅所限，这里就不逐项列出这些属性了,下面只列出常用的几个属性。

1. value 属性

value 属性用来表示输入框的内容,在这里设置的值为输入框的初始值。如果使用动态数据绑定,则 value 属性可随 data 中绑定变量值而变化。现行版本,value 属性还不是双向绑定,即在 input 组件中输入的值并不会动态反应到绑定的变量中。

2. password 属性

设置是否显示为密码框(即输入的任何内容都显示为一个点字符),这是一个逻辑类型 Boolean,设置为 true 或 false,默认为 false(即不作为密码框)。

需要注意的是,对于逻辑属性值的设置,只要组件的属性中设置了该属性名,不管其属性值设置为什么值(包括 false 或其他值),都会认为设置该属性值为 true,若需要设置逻辑属性值为 false,则需要在组件的属性中将该属性名删除。例如,以下代码都是将 input 组件设置为密码输入框。

```
<input placeholder="输入密码" type="time" password />
<input placeholder="输入密码" type="time" password="true" />
<input placeholder="输入密码" type="time" password="false" />
```

而下面的代码,则不是密码输入框:

```
<input placeholder="输入密码" type="time" />
```

3. placeholder 属性

placeholder 属性通常用来设置 input 组件的提示信息,当输入框中还没有输入内容时将显示这个属性中设置的内容,如果在输入框获得输入焦点,placeholder 属性设置的占位符信息都将消失。

4. disabled 属性

disabled 属性设置输入框是否禁用,这是一个逻辑类型 Boolean,设置为 true 或 false,默认为 false(即不禁用)。当设置该属性后,输入框不接收用户输入,但仍然可以显示内容,如果其 value 属性使用动态数据绑定,则其显示的数据仍然可动态变化。

5. maxlength 属性

maxlength 用来设置输入框可输入字符的最大长度,在输入框中输入时,如果输入的字符达到设置的最大长度,用户将不能继续输入内容。如果该属性设置为 0,表示不限制长度。

6. bindchange 属性

bindchange 属性用来设置输入框的事件绑定，当输入框失去焦点时，将触发 bindchange 事件，执行该属性设置的函数。触发 bindchange 事件时，传入 event 作为参数，其中 event.detail.value 中将包含输入框中输入的值。

3.2.3 认识 button 组件

在计算器中还会使用到按钮（button）组件，该组件通常用来接受用户的触按，然后执行相应的业务逻辑。例如，在本节的计算器案例中，触按按钮时才进行相应的计算。button 组件常用的属性有 size、type、plain、disabled、loading 等几个，下面结合实例演示这些属性的使用方法（该案例改编于官方文档中 button 组件的案例，为代码加上注释，并将其中的闭包函数进行了拆分，方便初学者理解），案例实现过程如下。

1. 结构准备

在项目的 pages 目录下新建一个名为 button 的目录，用来保存 button 组件的 4 个文件。然后在 botton 目录中新建 4 个文件，分别为 button.js、button.wxml、button.json 和 button.wxss。

在 app.json 中将新添加的 button 添加到 pages 数组中，具体如下：

```
{
  "pages":[
    "pages/button/button",
    "pages/index/index",
    "pages/logs/logs"
  ],
  ……
}
```

将 button 添加到 pages 数组的第 1 项，这样调试代码将显示该页。

2. 编写 UI

在开发工具中打开 button.wxml 文件，在其中输入以下代码：

```
<view class="container">
  <button type="default" size="{{defaultSize}}" loading="{{loading}}"
  plain="{{plain}}" disabled="{{disabled}}" bindtap="default"
  hover-class="other-button-hover"> default </button>
  <button type="primary" size="{{primarySize}}" loading="{{loading}}"
```

```
    plain="{{plain}}" disabled="{{disabled}}" bindtap="primary">primary
</button>
    <button type="warn" size="{{warnSize}}" loading="{{loading}}"
plain="{{plain}}" disabled="{{disabled}}" bindtap="warn"> warn </button>
    <button bindtap="setDisabled">点击设置以上按钮disabled属性</button>
    <button bindtap="setPlain">点击设置以上按钮plain属性</button>
    <button bindtap="setLoading">点击设置以上按钮loading属性</button>
</view>
```

在以上代码中，外层的 view 组件定义一个容器，在容器内放置了 6 个 button 组件，前 3 个 button 组件分别设置了 type、size、loding、plain、disabled、bindtap 和 hover-class 属性。

按钮的 type 属性有 3 类（案例中前 3 个按钮分别设置为不同的 type 属性值），以不同的背景色来区分，其中 default 为灰色，primary 为绿色，warn 为红色。

size 属性只有 2 个值：default 和 mini，其中 mini 按钮高度减少一些。

plain 属性设置按钮是否镂空，即背景是否为透明。

loading 属性设置是否在按钮文字前显示一个 loading 动画图标。

编译调试以上布局代码，可得到如图 3-8 所示的界面。

图 3-8 button 组件示例

3. 编写 wxss 美化 UI

在图 3-8 所示界面中，由于使用了项目中 app.wxss 的 container 类控制样式，按钮水平、垂直居中，按钮的宽度以显示文字长度为限。这样的界面看起来不太美观。希望按钮的大小一致，并向上对齐，按钮间有合适的间距。这就需要编写当前页面的 wxss 文件 button.wxss。

首先对 container 类进行重新定义，设置对齐方式、内间距和外间距。

```
.container{
    align-items:flex-start;
    justify-content: flex-start;
    padding: 0;
    margin:10rpx;
}
```

接着设置 button 的 css 样式，主要设置宽度和按钮间的间距。

```
.container button{
    width:95%;
    margin:10rpx;
}
```

再次编译调试，可看到如图 3-9 所示的效果。

图 3-9　button 组件示例（界面美化）

4．编写 js 代码

在上面的 button.wxml 中，按钮的很多属性都使用了动态数据绑定，这就要求在 button.js 中准备这些数据绑定变量，为其设置初始值。同时，还在按钮的 bindtap 属性中绑定了事件，也需要在 button.js 中编写相应的事件处理函数。下面是具体的代码：

```
Page({
  data: {
    defaultSize: 'default',     //default 按钮的初始大小
    primarySize: 'default',     //primary 按钮的初始大小
    warnSize: 'default',        //warn 按钮的初始大小
    disabled: false,            //按钮初始禁用状态
    plain: false,               //按钮初始镂空状态
    loading: false              //按钮初始显示 loading 图标状态
  },
  //设置 disabled 变量的值
  setDisabled: function(e) {
    this.setData({
```

```
      disabled: !this.data.disabled
    })
  },
  //设置plain变量的值
  setPlain: function(e) {
    this.setData({
      plain: !this.data.plain
    })
  },
  //设置loading变量的值
  setLoading: function(e) {
    this.setData({
      loading: !this.data.loading
    })
  },
  //default按钮触按事件处理函数
  default:function(e){
    var d = this.data.defaultSize === 'default'?'mini':'default';/
      this.setData({
        defaultSize:d //切换defaultSize的值
      })
  },
  //primary按钮触按事件处理函数
  primary:function(e){
     var d = this.data.primarySize === 'default'?'mini':'default';
      this.setData({
        primarySize:d //切换primarySize的值
      })
  },
  //warn按钮触按事件处理函数
  warn:function(e){
    var d = this.data.warnSize === 'default'?'mini':'default';
      this.setData({
        warnSize:d //切换warnSize的值
      })
  }
})
```

以上代码很简单，有 JavaScript 基础的读者都应该可以读懂。首先定义了控制 default、primary、warn 按钮的初始大小属性值（分别为 default），接着定义了控制按钮各种状态的 loading、plain、disabled 的初始值。

下面接着定义 setDisabled、setPlain、setLoading 这 3 个函数，用来处理后 3 个按

钮的触按事件，当触按这 3 个按钮时，分别将对应的变量值取反，这 3 个变量通过动态数据绑定到前面 3 个按钮的对应属性上，从而可控制按钮属性值动态变化。

最后定义了 default、primary、warn 这 3 个函数，用来处理前 3 个按钮的触按事件，分别切换对应按钮的 size 为 default 或 mini。

5. 测试效果

完成以上开发过程后，就可以测试具体的效果了。编译调试，将显示图 3-9 所示的界面，分别触按 default、primary、warn 按钮，可看到这 3 个按钮高度都变小了，如图 3-10 左图所示。

图 3-10　button 组件测试效果一

再次分别触按 default、primary、warn 按钮，这 3 个按钮高度都恢复为默认。

触按"点击设置以上按钮 disabled 属性"按钮，上面 3 个按钮都被设置为禁用状态，按钮背景色和文字颜色都将变暗，此时再触按上面 3 个按钮，将不会有任何反应，如图 3-10 右图所示。

再次触按"点击设置以上按钮 disabled 属性"按钮，上面 3 个按钮都恢复为可用状态。

触按"点击设置以上按钮 plain 属性"按钮，上面 3 个按钮都被设置为镂空状态，如图 3-11 左图所示，再次触按该按钮，上面 3 个按钮恢复为正常状态。

触按"点击设置以上按钮 loading 属性"按钮，上面 3 个按钮文字左侧都将出现 loading 动画图标，如图 3-11 右图所示，再次触按该按钮，上面 3 个按钮恢复为正常状态，loading 动画图标消失。

图 3-11　button 组件测试效果二

3.2.4　计算机器界面 UI

掌握了 view、input、button 组件的使用方法，就可以开始编写计算器界面了。参考图 3-6 所示界面，具体步骤如下。

1. 结构准备

在项目的 pages 目录下新建一个名为 calc 的目录，用来保存计算器页面的 4 个文件。然后在 calc 目录中新建 4 个文件，分别为 calc.js、calc.wxml、calc.json、calc.wxss。

在 app.json 中将新添加的 button 添加到 pages 数组中，具体如下：

```
{
  "pages":[
    "pages/calc/calc",
    "pages/button/button",
    "pages/index/index",
    "pages/logs/logs"
  ],
  ……
}
```

2. 设置页面参数

需要将当前页面的导航栏文字设置为"加法计算器"，可以设置导航栏的背景色和文字颜色。打开 calc.json 文件，在其中添加以下内容：

```
{
    "navigationBarBackgroundColor": "#00ff00",
    "navigationBarTitleText": "加法计算器",
    "navigationBarTextStyle":"white"
}
```

3. 编写 UI

加法计算器的 UI 很简单，最外层用 view 组件作为容器，然后在容器中加入 3 个 input 组件，分别接收用户输入被加数、加数，以及显示计算结果，其中显示计算结果的 input 组件不接收用户输入，可设置其 disabled 属性。还需要加入一个 button 组件，当用户触按该按钮时才进行计算。具体的布局代码如下：

```
<view class="container">
    <input placeholder="被加数"  bindinput="bindInput1"/>
    <input placeholder="加数"   bindinput="bindInput2"/>
    <button type="primary" bindtap="bindAdd">计算</button>
    <input placeholder="结果" value="{{result}}" disabled/>
</view>
```

在 input 组件中，为了提示用户该输入框的作用，都添加了 placeholder 属性。

为了获取 input 组件中输入的内容，在前 2 个 input 组件中都绑定了 bindinput 事件，当有键盘输入时，就会触发该事件，从而获到输入的值，将其保存到 JavaScript 的变量中，为运算做准备。

4. 编写 wxss 美化 UI

对于刚添加组件的 UI，由于没有在 calc.wxss 中编写代码设置样式，其样式只是继承自 app.wxss，为了符合设计要求，需要在 calc.wxss 中编写本页面的样式，具体代码如下：

```
.container {
  justify-content: flex-start;
  padding: 30rpx 0;
}

.container input{
  background-color: #eee;
  border-radius: 3px;
  text-align: left;
  width:720rpx;
```

```
  height:100rpx;
  line-height: 100rpx;
  margin:20rpx;
}

.container button{
  width:80%;
}
```

编写好以上代码之后,完成了 UI 设计的过程,这时可得到如图 3-6 所示的界面了。

3.2.5 编写计算代码

在 js 程序中,需要定义 3 个变量,分别保存输入的被加数、加数以及计算的结果。还需要编写相应的事件处理函数,用来处理 2 个输入框的输入,以及触按"计算"按钮时进行计算操作,具体代码如下:

```
Page({
  data:{
   num1:"",  //保存被加数
   num2:"",  //保存加数
   result:"" //保存计算结果
  },
  //"计算"按钮触按事件处理函数
  bindAdd:function(e){
     var r = this.data.num1*1 + this.data.num2*1; //将两数相加
     this.setData({
       result:r  //更新结果到 result 变量
     });
  },
  //被加数输入事件处理函数
  bindInput1:function(e){
   var n=e.detail.value;
   if(!isNaN(n))  //输入的为数字
   {
     this.setData({
       num1:n //更新被加数
     });
   }
  },
  //加数输入事件处理函数
  bindInput2:function(e){
   var n=e.detail.value;
```

```
    if(!isNaN(n))    //输入为数字
    {
      this.setData({
        num2:n   //更新加数
      });
    }
  }
})
```

在以上代码中，由于 num1 和 num2 保存的是字符串，因此使用乘 1 操作将其转换为数值，然后再相加才能得到结果，也可使用 JavaScript 的 Number 函数将 num1 和 num2 转换为数值。若不转换为数值，相加的结果只是两个字符串相连（如"1"+"1"="11"，而不是 2）。

另外，虽然 input 组件提供了 value 属性，也可以进行动态数据绑定，但这个绑定不是双向绑定，即在 input 组件中输入数据，并不会自动更新到绑定的变量中，而只能将绑定的变量值显示在 input 组件中。因此，要将 input 组件中输入的值保存到 data 的对应变量，需要使用 input 组件的 bindinput 属性（这里未使用 bindchange 属性，因为该属性所绑定的事件需要在输入框失去焦点时才触发事件，两者的区别读者可修改代码进行对比）。

当前版本的 Input 组件，虽然可以设置 type 属性为 number 或 digit，但是该属性不起作用，仍然可以输入字母等非数字字符。因此，在 js 程序中需要对用户输入数据进行判断，如果为数值类型，将输入的值保存到 num1 或 num2 中，否则不进行数据更新。这样，就可保证加法运算的结果不会出现 null。

3.2.6　测试加法计算器

编写好加法计算器的 wxml、json、wxss 和 js 文件之后，编译调试，可看到如图 3-6 所示的界面，在该页面中单击被加数输入框可以输入数据，输入 11，类似地在加数中输入 22，单击结果输入框，无法进入（不会显示等待输入的光标），如图 3-12 左图所示。

触按"计算"按钮，在结果输入框中将显示计算的结果，如图 3-12 右图所示。

在被加数中输入以字母开头的内容（如"a11"），在加数中输入数字开头，但含有字母的内容（如"12bde"），单击"计算"按钮，结果中将只显示加数中的数字部分（如 12），如图 3-13 左图所示。

如果被加数、加数都输入以字母开头的内容，则计算结果为 0，如图 3-13 右图所示。

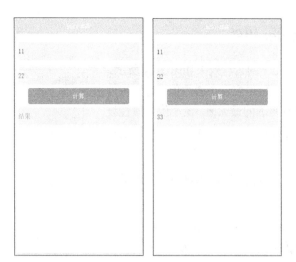

图 3-12 加法计算器测试结果一

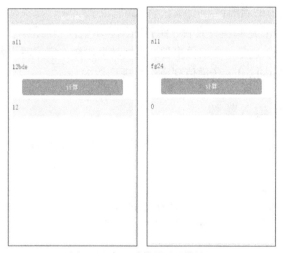

图 3-13 加法计算器测试结果二

3.3 另一种输入数据的方式

在前面的加法计算器中，使用 input 组件接收用户输入。在小程序中还提供了一个名为 slider 的组件（滑动条组件），通过拖动这个组件的滑块，可以设置一个值。在这个加法计算器中，也可以使用这个组件来完成数据的输入。

3.3.1 认识 slider 组件

滑动条组件 slider 的运行效果如图 3-14 所示，拖动组件上的滑块，可得到一个整数值。这个组件通常用来设置具有明确的最大值、最小值的属性设置。如手机中设置音量、设置亮度等值都可以使用这个组件。

在使用滑动条组件之前，先了解该组件的常用属性。

图 3-14　滑动条组件

- min：组件的最小值，默为值为 0。
- max：组件的最大值，默认值为 100。
- step：步长值，必须大于 0。
- value：组件的当前值。
- Show-value：逻辑值，是否在组件右侧显示组件当前值。
- bindchange：这是一个组件事件，当拖动滑块操作完成时将触发该事件，并通过 event.detail.value 传递值到事件处理函数中。

3.3.2 用 slider 输入整数

要将加法计算器中的 input 组件输入数据的方式改为 slider 组件，只需要将 input 组件替换为 slider 组件。为了提示用户，再加上一些提示文字，修改后的代码如下：

```
<view class="content">
  <view class="section__title">被加数</view>
  <slider min="0" max="1000" bindchange="bindInput1" show-value />

  <view class="section__title">加数</view>
  <slider min="0" max="1000" bindchange="bindInput2" show-value />

  <button type="primary" bindtap="bindAdd" >计算</button>
  <view class="section__title">结果</view>

  <view>{{result}}</view>
</view>
```

在上面的代码中，slider 组件的最大值设置为 1000，而 bindchange 绑定的事件处理函数名称与前面加法计算器例子中的相同，因此，不需要修改 js 文件中的代码（因为这里只是修改了视图层中的内容，逻辑层可以不修改），直接使用即可。

还可以修改 wxss 文件对组件的显示进行修饰，具体代码如下：

```
.content {
 margin:40rpx;
}

.content button{
 width:80%;
}

view, button,slider{
 margin:40rpx 0;
}
```

调试运行修改后的代码，可看到如图 3-15 左图所示的界面，拖动被加数和加数，右侧将显示具体的数值，然后按"计算"按钮，下方将显示相加的结果，如图 3-15 右图所示。

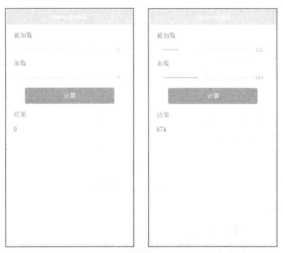

图 3-15 滑动条加法器

向右拖动滑动条的滑块时，可看到右侧显示的数值不断变化。本例中设置最大值为 1000。如果最大值为更大的值，则拖动滑块时数值变化更快。因此，使用滑动条来设置数值通常只适用于最大值、最小值的区间比较小的情况。

第 4 章 美化 UI 界面

第 3 章编写了一个加法计算器，界面简单（只有两个输入控件 input），功能也简单（只能做简单的加法运算），因此没有什么实用价值。本章重新设计一个界面、功能都更强的计算器小程序。

4.1 计算器功能需求

打开 Windows 10 的计算器，如图 4-1 所示。

本章模仿图 4-1 的界面，编写一个计算器小程序。从图 4-1 可看到，该计算器除了加、减、乘、除基本运算之外，还有平方、开方等功能。由于本章篇幅所限，还需对要开发的计算器小程序的功能有所删减，现在只实现以下功能：

- 能进行加、减、乘、除运算。
- 能对输入的数值进行正负号取反运算。
- 可以输入小数。
- 输入数据的过程中可删除输入的最后一位。
- 可清除输入的数据。
- 能查看历史数据（放在第 5 章中完成）。

图 4-1　Windows 10 的计算器

本例主要演示微信小程序的界面布局，因此对于计算功能这种逻辑层面的内容不打算做得太复杂，以下功能不实现：

- 四则混合运算的规则不进行处理，本程序按先输入先计算的方式，如输入 3–2×3，其计算过程是先计算 3–2，再将结果与后面的数字 3 相乘，最终结果为 3。
- 不做平方、开平方等相对复杂的计算处理。

4.2 设计计算器界面

上节定义了计算器小程序要完成的功能以及不做的功能，接下来就可以开始进行界面设计了。

4.2.1 计算器小程序布局设计

参照图 4-1，计算小程序不再使用第 3 章中的输入框方式输入需要计算的数据，而是通过按钮，让用户直接点按 0~9 的数字按钮来输入一串数字，点按运算符来决定做什么运算，另外还提供一些功能按钮，如删除最后输入的一个符号，删除输入的全部内容等。

分析图 4-1，计算器面板有数字按键、功能按钮等，这些按键大小相同，以行列方式排列。除了这些按键之外，还有一个用来显示计算结果的区域。

本例的简化计算器小程序也这样布局，做 5 行 4 列共 20 个按键，每个按钮使用一个 button 组件来表现，而运算结果可直接在 view 组件中显示，也可考虑使用 text 组件或 input 组件（需禁止用户输入）。初步设计的布局如图 4-2 所示。

图 4-2　计算器小程序布局设计

4.2.2 搭建计算器小程序开发框架

要实现计算器小程序，首先需要搭建计算器小程序的开发框架，具体步骤如下：

（1）启动微信小程序开发工具。

（2）创建一个名为 ch04 的项目。

（3）在该项目的 pages 目录中添加一个名为 calc 的子目录。

（4）在该子目录中创建计算器小程序使用到的 4 个页面。得到如图 4-3 所示的文件结构。

图 4-3　计算器小程序项目结构

(5)打开 calc.js 文件,在其中添加以下代码(初始时设置 Page 函数的参数为空)。

```
Page({})
```

(6)打开 calc.json 文件,在其中添加以下代码,设置项目的标题。

```
{
  "backgroundTextStyle":"light",
  "navigationBarBackgroundColor": "#fff",
  "navigationBarTitleText": "计算器小程序",
  "navigationBarTextStyle":"black"
}
```

(7)打开项目主目录中的 app.json 文件,将 calc 添加到 pages 数组中,具体代码如下:

```
{
 "pages":[
   "pages/calc/calc",
   "pages/index/index",
   "pages/logs/logs"
 ],
 ......
}
```

至此,计算器小程序的架构搭建完成,下面就可集中处理视图层的 wxml 页面文件和逻辑层的 js 文件。

4.2.3 用组件实现布局

在小程序中要实现图 4-2 所示的布局,首先需要将界面分为 6 行,这可以使用 6 个 view 组件来实现,第 1 行的 view 组件用来显示计算结果。第 2~6 行的 view 组件作为一个容器组件,在每个 view 组件中再添加 4 个 button 组件。最后,在最外层再套一个 view 组件作为整个页面的容器。布局代码如下:

```
<view>
   <view>计算结果</view>

   <view>
      <button>历史</button>
      <button>C</button>
      <button>←</button>
      <button>÷</button>
   </view>
```

```
<view>
    <button>7</button>
    <button>8</button>
    <button>9</button>
    <button>X</button>
</view>

<view>
    <button>4</button>
    <button>5</button>
    <button>6</button>
    <button>-</button>
</view>

<view>
    <button>1</button>
    <button>2</button>
    <button>3</button>
    <button>+</button>
</view>

<view>
    <button>±</button>
    <button>0</button>
    <button>.</button>
    <button>=</button>
</view>
</view>
```

编写好以上代码之后，进入调试界面，可看到如图 4-4 所示的界面。显然，这个布局不是我们需要的结果，与图 4-2 所示的每行 4 个按钮不符，这里将每个按钮显示在一行中了。要想显示成图 4-2 所示的布局，需要编写 wxss 样式文件对组件显示样式进行控制。

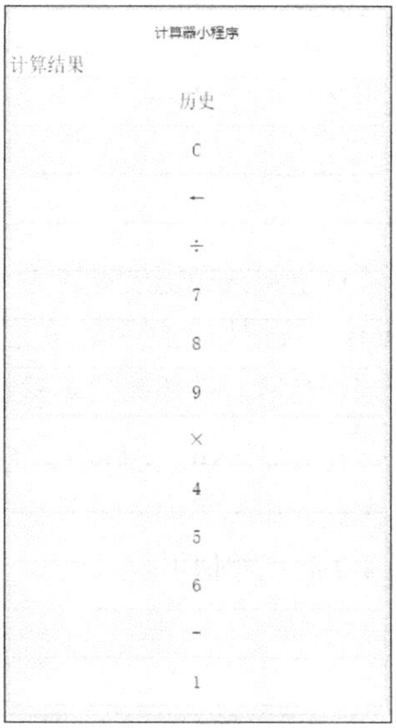

4.2.4 设计组件的样式

接下来编写样式表，用来控制组件的显示，打开 calc.wxss 文件进行代码编写。

图 4-4 组件布局效果

首先将 4 个按钮排一行，在 calc.wxss 中创建以下代码。

```
.btnGroup{
    display:flex;
    flex-direction: row;
}
```

以上 wxss 代码创建了一个 class，设置为横向显示。在 calc.wxml 文件中将这个 class 添加到 5 行按钮的容器控件中，如下面代码所示：

```
<view class="btnGroup">
    <button>历史</button>
    <button>C</button>
    <button>←</button>
    <button>÷</button>
</view>
```

其他 4 行也进行类似操作。

修改好之后进入调试界面，可看到界面显示如图 4-5 所示。

图 4-5 所示布局中，每个按钮大小不一，按钮排列不齐，因此，还需要针对按钮编写一个 class，用来设置按钮的大小、间距等。在 calc.wxss 中创建以下代码：

```
.item{
    width:160rpx;
    min-height:150rpx;
    margin:10rpx;
    text-shadow: 0 1px 1px rgba(0,0,0,0.3);
    border-radius: 5px;
    text-align: center;
    line-height: 150rpx;
}
```

这里将按钮宽度设置为 160rpx，4 个按钮占的宽度为 640rpx，每个按钮的间距为 10rpx。按钮加上间距的总宽度没有超过 750rpx。另外，还设置了文字的阴影、对齐方式、高度、按钮圆角等参数。

在 calc.wxml 文件中，为每个 button 组件加上一个 class 属性，设置其值为 item。再次进入调试界面，可看到布局变成图 4-6 所示效果，通过这次的样式设置，布局与图 4-2 有点相似了。

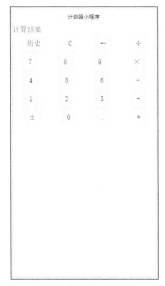

图 4-5　按钮横向布局　　　　　　图 4-6　设置按钮样式

接下来再继续细调各组件的样式，由于篇幅所限，这里不再列出逐步编写样式的过程，下面列出 calc.wxss 的全部代码：

```
/*外层容器*/
.content{
    height: 100%;
    display: flex;
    flex-direction: column;
    align-items: center;
    box-sizing: border-box;
    padding-top:10rpx;
}

/*计算结果*/
.screen{
    background-color: #ffffff;
    text-align: right;
    width:650rpx;
    height:150rpx;
    line-height: 150rpx;
    padding:0 20rpx;
    margin:30rpx;
    border:1px solid #ddd;
    border-radius: 3px;
```

```css
}

/*按钮组*/
.btnGroup{
    display:flex;
    flex-direction: row;
}

/*按钮*/
.item{
    width:160rpx;
    min-height:150rpx;
    margin:10rpx;
    text-shadow: 0 1px 1px rgba(0,0,0,0.3);
    border-radius: 5px;
    text-align: center;
    line-height: 150rpx;
}

/*控制按钮（橙色）*/
.orange{
    background-color: #f78d1d;
    color:#fef4e9;
    border:solid 1px #da7c0c;
}

/*数字按钮（蓝色）*/
.blue{
    background-color: #0095cd;
    color:#d9eef7;
    border:solid 1px #0076a3;
}

/*数字按钮按下状态*/
.button-hover-num{
    background-color: #0094cc; opacity: 0.7;
}

/*控制按钮按下状态*/
.other-button-hover{
    background-color: red;
}
```

在计算器小程序中，数字0~9和小数点按钮用蓝色背景显示，其他控制键用橙色背景显示，因此定义了两个 class，分别命名 blue 和 orange。另外定义了两种背景颜色的按钮按下时的状态，数字键按下时背景的蓝色变浅了一点，控制键按下时背景变为红色。

将定义好的各 class 应用到 wxml 文件的各组件中，得到的 calc.wxml 文件如下所示：

```
<view class="content">
    <view class="screen">计算结果</view>

    <view class="btnGroup">
        <button class="item orange" hover-class="other-button-hover">历史</button>
        <button class="item orange" hover-class="other-button-hover">C</button>
        <button class="item orange" hover-class="other-button-hover">←</button>
        <button class="item orange" hover-class="other-button-hover">÷</button>
    </view>

    <view  class="btnGroup">
        <button class="item blue" hover-class="button-hover-num">7</button>
        <button class="item blue" hover-class="button-hover-num">8</button>
        <button class="item blue" hover-class="button-hover-num">9</button>
        <button class="item orange" hover-class="other-button-hover">×</button>
    </view>

    <view class="btnGroup">
        <button class="item blue" hover-class="button-hover-num">4</button>
        <button class="item blue" hover-class="button-hover-num">5</button>
        <button class="item blue" hover-class="button-hover-num">6</button>
        <button class="item orange" hover-class="other-button-hover">-</button>
    </view>

    <view class="btnGroup">
        <button class="item blue" hover-class="button-hover-num">1</button>
        <button class="item blue" hover-class="button-hover-num">2</button>
        <button class="item blue" hover-class="button-hover-num">3</button>
        <button class="item orange" hover-class="other-button-hover">+</button>
    </view>
```

```
    <view class="btnGroup">
        <button class="item orange" hover-class="other-button-hover">±</button>
        <button class="item blue" hover-class="button-hover-num">0</button>
        <button class="item blue" hover-class="button-hover-num">.</button>
        <button class="item orange" hover-class="other-button-hover">=</button>
    </view>
</view>
```

再次进入调试界面，可看到界面如图 4-7 所示，基本达到图 4-2 所示的设计效果。

图 4-7　计算器小程序布局

4.3　编写计算器代码

制作出如图 4-7 所示的计算器小程序的布局后，可以单击界面中的 20 个按钮，但是单击这些按钮还没有任何反应，这时就需要编写逻辑层的代码了。

4.3.1　初始化数据

在图 4-7 所示布局中，每个按钮具有不同的功能，单击之后进行相应的操作。例如，单击数字键 7，应该在"计算结果"那里显示一个 7。

每个按钮需要具有不同的功能，这就需要在 JavaScript 代码中能识别出用户按了哪个按钮。至少可以想到两种方法来完成这个要求。一是为每个按钮编写独立的触按事件处理函数，在事件处理函数中传入的事件对象的 target 属性就是当前按钮（参见第 2 章事件部分）。这种方式因为需要对每个按钮单独编写事件处理函数，在本例中就需要为 20 个按钮分别编写 20 个事件处理函数，非常烦琐。第二种方式就是编写一个通用的按钮单击事件处理函数，在事件处理函数中通过传入的事件对象的 target 属性的 id（或其他属性）来分辨用户触按的是哪个按钮，然后进行不同的操作。

本例采用第二种方式来编写代码。因此，就需要考虑为每个按钮设置一个与其他按钮不同的属性，最方便的当然是设按钮的 id。为每个按钮设置不同 id 的方式采用在逻辑层 JavaScript 代码中定义 id 的值，然后绑定到 wxml 页面文件中。这样，当想修改某个按钮的 id 时，只需要修改逻辑层代码即可。另外，还需为每个按钮的触按事件编写一个事件处理函数。所以，calc.js 的代码编写成以下样式。

```
Page({
  data:{
    result:"0",         //计算结果
    id1:"history",      //历史
    id2:"clear",        //清除（删除所有）
    id3:"back",         //回退（删除最后一个）
    id4:"div",          //除
    id5:"num_7",        //数字 7
    id6:"num_8",
    id7:"num_9",
    id8:"mul",          //乘
    id9:"num_4",
    id10:"num_5",
    id11:"num_6",
    id12:"sub",         //减
    id13:"num_1",
    id14:"num_2",
    id15:"num_3",
    id16:"add",         //加
    id17:"negative",    //取负
    id18:"num_0",
    id19:"dot",         //小数点
    id20:"equ"          //等号
  },
  clickButton:function(e){  //单击事件处理函数

  }
})
```

接下来改写 wxml 文件，为各按钮绑定 id 和事件处理函数，并将计算结果绑定到上方显示计算结果的 view 组件中。修改后的代码如下：

```
<view class="content">
    <view class="screen">{{result}}</view>

    <view class="btnGroup">
        <button class="item orange" hover-class="other-button-hover" id="{{id1}}" bindtap="clickButton">历史</button>
        <button class="item orange" hover-class="other-button-hover" id="{{id2}}" bindtap="clickButton">C</button>
        <button class="item orange" hover-class="other-button-hover" id="{{id3}}" bindtap="clickButton">←</button>
        <button class="item orange" hover-class="other-button-hover" id="{{id4}}" bindtap="clickButton">÷</button>
    </view>

    <view class="btnGroup">
        <button class="item blue" hover-class="button-hover-num" id="{{id5}}" bindtap="clickButton">7</button>
        <button class="item blue" hover-class="button-hover-num" id="{{id6}}" bindtap="clickButton">8</button>
        <button class="item blue" hover-class="button-hover-num" id="{{id7}}" bindtap="clickButton">9</button>
        <button class="item orange" hover-class="other-button-hover" id="{{id8}}" bindtap="clickButton">×</button>
    </view>

    <view class="btnGroup">
        <button class="item blue" hover-class="button-hover-num" id="{{id9}}" bindtap="clickButton">4</button>
        <button class="item blue" hover-class="button-hover-num" id="{{id10}}" bindtap="clickButton">5</button>
        <button class="item blue" hover-class="button-hover-num" id="{{id11}}" bindtap="clickButton">6</button>
        <button class="item orange" hover-class="other-button-hover" id="{{id12}}" bindtap="clickButton">-</button>
    </view>

    <view class="btnGroup">
        <button class="item blue" hover-class="button-hover-num" id="{{id13}}" bindtap="clickButton">1</button>
        <button class="item blue" hover-class="button-hover-num" id="{{id14}}" bindtap="clickButton">2</button>
```

```
            <button class="item blue" hover-class="button-hover-num"
id="{{id15}}" bindtap="clickButton">3</button>
            <button class="item orange" hover-class="other-button-hover"
id="{{id16}}" bindtap="clickButton">+</button>
        </view>

        <view class="btnGroup">
            <button class="item orange" hover-class="other-button-hover"
id="{{id17}}" bindtap="clickButton">±</button>
            <button class="item blue" hover-class="button-hover-num"
id="{{id18}}" bindtap="clickButton">0</button>
            <button class="item blue" hover-class="button-hover-num"
id="{{id19}}" bindtap="clickButton">.</button>
            <button class="item orange" hover-class="other-button-hover"
id="{{id20}}" bindtap="clickButton">=</button>
        </view>
</view>
```

这样，逻辑层的初始数据代码就算编写完成了，这时进入调试界面，界面中没什么大的变化，只是上方显示的"计算结果"变为了"0"。在调试界面的右侧单击"Wxml"切换到 wxml 查看界面，展开各组件代码，可看到绑定的 id，如图 4-8 所示，数字 7 按钮绑定的是 id 7 的数据"num_7"，因此按钮 7 的 id 就是"num_7"。

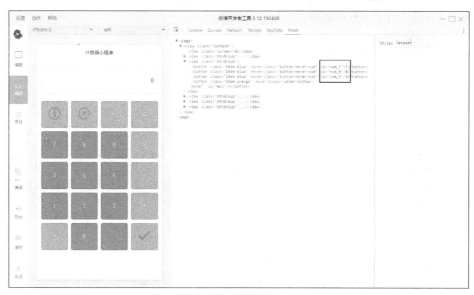

图 4-8　绑定的 id

4.3.2 编写按钮代码

前面虽然为按钮绑定了触按事件处理函数，但是单击按钮时，计算器界面没有任何变化。接下来，就需要为 clickButton 事件处理函数编写相应的代码。

因为 clickButton 事件处理函数需要处理 20 个按钮的触按事件，因此需要针对按钮的 id 来分辨，然后进行不同的处理操作。

首先来处理简单的业务，在用户按数字按钮时，将在计算结果（保存在数据 result 中）中连续显示输入的数字，但也有几处需要考虑：

（1）在初始化数据时，为数字按钮定义的 id 为 num_0~num_9，因此，可以判断 id 为这个区域的，就说明用户按了数字按钮，将 id 用 split 进行分割，即可得到后面的数字 0~9。

（2）如果原来 data=0，这时输入一个数字时（如输入 7），应该用输入的数字替代 0，使 data=7。

（3）正常情况下，将输入的数字添加到 data 的后面，如原来 data=7，接着按按钮 8，则 data=78。

（4）每次按了数字键完成一次输入之后，应将 data 的值更新到 result 中，这样，界面中显示"计算结果"处将显示最新的结果。

按以上分析的思路，编写 clickButton 事件处理函数代码如下：

```
Page({
 data:{
   result:"0",    //计算结果
   ... ...
 },
 clickButton:function(e){   //单击事件处理函数
    var data = this.data.result; //获取上一个结果值
    if(e.target.id>='num_0' && e.target.id<='num_9'){ //判断是否按了数字按钮
      data += e.target.id.split("_")[1]; //正常情况，串接输入的值
      if(this.data.result == '0'){ //原值为 0
         data=e.target.id.split("_")[1]; //用输入的值替代
      }
    }else{ //不是数字按钮
       console.log(e.target.id); //在控制台输出按钮的 id
    }
    this.setData({
       result:data //更新结果值
```

```
    });
  }
})
```

编写好以上代码之后,保存,然后编译进入调试界面,顺序按数字 7、8、历史、C,按 7 和 8 时将在计算结果中显示 78,按"历史"和"C"时,则在右侧 Console 中输出两行数据,分别是这两个按钮的 id,如图 4-9 所示。

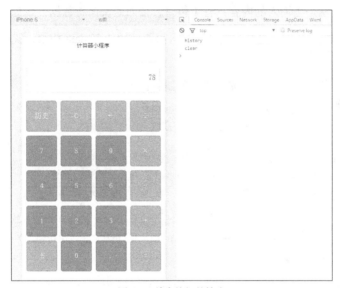

图 4-9 单击按钮的输出

4.3.3 编写计算代码

上面编写按钮单击事件的代码中,只处理了数字按钮的输入。对于小数点以及控制按钮的按键还未处理。

对于"历史"按钮将放在下一章来处理,下面先分析其他几个按钮的逻辑。

(1)小数点按钮:在输入一个数时,只能出现一次小数点,因此,在输入小数点时要判断 data 中是否已有小数点,若有,将不进行处理(即不将小数点添加到输入数值的后面),若无,则在当前数值后面添加一个小数点。

(2)对于加、减、乘、除这 4 个运算按钮的情况比较复杂,需要考虑的情况比较多。按使用习惯,通常是在计算器上按数字键输入第一个计算数,接着按运算符,然后按数字键输入第二个计算数,这时,还不会得出计算结果,因为用户在输入第二个数时,程序不知道什么时候才算第二个计算数输入结束。这时我们定义,在用户按等号按钮，或按计算符按钮时，表示第二个计算数输入结束，因此，需要在这时才进行计算。这样就需要定义变量，将第一个计算数和运算符保存下来，当输入第二个计算数时按了等号（或其他计算按钮），将保存的第一个计算数和运算符调出来参与计算。

（3）清除按钮 C：当按下这个按钮时清除前面输入的内容，并初始化运算符。

（4）回退按钮：回退按钮只需要将输入的内容最后一个字符删除即可，要考虑的一种特殊情况就是当输入的内容只有 1 位时，按回退按钮将数据设置为 0。

（5）符号取反按钮：这个功能简单，只需要使用-1 与 data 相乘，就可得到符号取反的结果。

根据以上分析，编写这些按钮的代码如下：

```
clickButton:function(e){    //单击事件处理函数
    var data = this.data.result;  //获取上一个结果值

    var tmp = this.data.temp;  //取上次的临时结果
    var lastoper1 = this.data.lastoper;  //上一次的运算符
    var noNumFlag = this.data.flag;  //上一次非数字按钮标志

    if(e.target.id>='num_0' && e.target.id<='num_9'){  //判断是否按了数字按钮
      data += e.target.id.split("_")[1];  //正常情况，串接输入的值
      if(this.data.result == '0' || noNumFlag){  //原值为 0，或上次所按是非数字按钮
        data=e.target.id.split("_")[1];  //用输入的值替代
      }
      noNumFlag = false;
    }else{  //不是数字按钮
      noNumFlag=true;
      console.log(e.target.id);  //在控制台输出按钮的 id
      if(e.target.id == "dot"){  //小数点
        if(data.toString().indexOf(".")== -1)  //输入的值中不包含小数点
        {
          data += ".";
        }
      }else if(e.target.id == "clear"){  //清除按钮
        data = 0;          //数据清 0
        tmp = 0;           //清除中间结果
        lastoper1 = "+";   //设置上次运算符为加
      }else if(e.target.id == "negative"){  //数字取负
        data = -1 * data;
      }else if(e.target.id == "back"){  //回退一个字符
        if(data.toString().length>1)    //长度超过 1 位数
```

```
            {
              data = data.substr(0,data.toString().length -1); //去掉最后一位
            }else{ //长度只有一位
              data=0; //置0
            }
          }else if(e.target.id == "div"){ //除法
            data = calculate(tmp,lastoper1,data);
            tmp = data;
            lastoper1 = "/";
          }else if(e.target.id == "mul"){ //乘法
            data = calculate(tmp,lastoper1,data);
            tmp = data;
            lastoper1 = "*";
          }else if(e.target.id == "add"){ //加法
            data = calculate(tmp,lastoper1,data);
            tmp = data;
            lastoper1 = "+";
          }else if(e.target.id == "sub"){ //减法
            data = calculate(tmp,lastoper1,data);
            tmp = data;
            lastoper1 = "-";
          }else if(e.target.id == "equ"){ //等号
            data = calculate(tmp,lastoper1,data);
            tmp=0;
            lastoper1 = "+";
          }
        }
        this.setData({
          result:data, //更新结果值
          lastoper:lastoper1,
          temp:tmp,
          flag:noNumFlag
        });
```

根据前面的分析，加上代码中的注释，代码的意思应该很容易弄明白了，这里就不再逐行介绍了。只是在加、减、乘、除运算按钮的处理中都调用了一个名为 calculate 的函数，这个函数在 calc.js 的 Page()函数外面定义，用来进行两个计算数，一个运算符号的运算，返回运算的结果，具体代码如下：

```
var calculate=function(data1,oper,data2){
  var data;
  data1=parseFloat(data1);
```

```
data2=parseFloat(data2);
switch (oper)
 {
  case "+":
    data = data1 + data2;
    break;
  case "-":
    data = data1 - data2;
    break;
  case "*":
    data = data1 * data2;
    break;
  case "/":
    if(data2 !== 0)
    {
      data = data1 / data2;
    }else{
      data =0;
    }
    break;
 }
 return data;
}
```

4.3.4 测试计算器小程序

到此为止，计算器小程序的开发就算完成了，最后测试该小程序是否达到要求的功能。

在开发工具中，保存计算器小程序所有代码，进入调试界面，首先看到如图 4-10 所示的初始界面，依次按界面中的按钮 1、2、÷、2，这时界面中将只显示最后输入的数字 2，再按一个运算符按钮，如+，将得到前面输入的 12÷2 的结果，如图 4-11 所示。

接着可继续进行操作，如按 C 清除前面的运算，重新开始新的运算等。由于篇幅所限，这里就不将各种逻辑逐一测试了，读者可详细测试。

需要注意的是，这个计算器不会分辨四则混合运算的优先级，总是在按下等号或运算符按钮时就将前面输入的算式的结果计算出来。

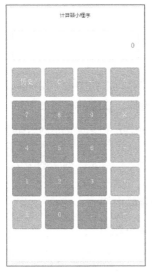
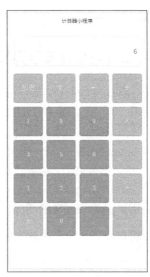

图 4-10　启动初始界面　　　　　　图 4-11　计算结果 1

4.4　美化计算器界面

在上面完成的计算器小程序界面中，用到了 view 组件和 button 组件，在 button 组件中显示的是一些字符，如"历史"按钮中的文字，清除按钮中的文字"C"。其实，在 button 组件中可以添加一些图标，使按钮的功能更直观。例如，将清除按钮中的文字"C"显示为一个删除图标。下面来完成这个操作。

4.4.1　认识 icon 组件

在微信小程序中，提供了一个名为 icon 的组件，通过这个组件，我们只需要指定要显示图标的类型、大小和颜色，就可以显示出一个图标，而不需要去引用一张图片资源。

使用 icon 组件的格式如下：

```
<icon type="图标类型"  size="图标大小"  color="图标颜色"/>
```

其中：

- type：指定 icon 的类型，有效值：success、success_no_circle、info、warn、waiting、cancel、download、search、clear。
- size：指定图标的大小，单位为 px。

- color：设置图标的颜色。

4.4.2 用 icon 美化计算器界面

接下来，就在 wxml 中添加代码，将 icon 加到对应按钮中去。找到删除按钮原来的内容（字符 "C"），将字符删除，换成 icon 组件，修改的代码如下：

```
<button class="item orange" hover-class="other-button-hover" id="{{id2}}" bindtap="clickButton">
    <icon type="cancel" size="38" color="red" class="btnIcon" />
</button>
```

这里使用类型为 cancel 的图标，可显示一个删除图标。

还可以将按钮"历史"中的文字替换为以下 icon 组件：

```
<button class="item orange" hover-class="other-button-hover" id="{{id1}}" bindtap="clickButton">
    <icon type="info_circle" size="38" color="red" class="btnIcon" />
</button>
```

再将等号按钮中的文字 "=" 替换为以下 icon 组件：

```
<button class="item orange" hover-class="other-button-hover" id="{{id20}}" bindtap="clickButton">
    <icon type="success_no_circle" size="38" color="red" class="btnIcon" />
</button>
```

进入调试界面，可看到如图 4-12 所示的美化后的计算器小程序。由于业务逻辑没有变化，因此，修改 wxml 界面后，不需要修改逻辑层的代码。

4.4.3 小程序提供的 icon 组件

在计算器小程序中使用了 3 种图标类型，分别是 info_circle、cancel 和 success_no_circle。前面介绍了 icon 组件可使用的图标有 success、success_no_circle、info、warn、waiting、cancel、download、search、clear 共 9 种类型，下面编写代码演示这 9 种类型图标不同大小、不同颜色的显示效果。

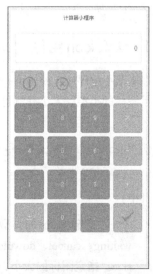

图 4-12 美化后的计算器小程序

首先编写 icon.js 文件，具体代码如下：

```
Page({
  data: {
    iconSize: [20, 30, 40, 50, 60, 70],
    iconColor: [
      'red', 'orange', 'yellow', 'green', 'rgb(0,255,255)', 'blue', 'purple'
    ],
    iconType: [
      'success', 'info', 'warn', 'waiting', 'safe_success', 'safe_warn',
      'success_circle', 'success_no_circle', 'waiting_circle', 'circle',
'download','info_circle', 'cancel', 'search', 'clear'
    ]
  }
})
```

以上代码进行了数据初始化，首先定义了一个数组 iconSize，用来设置 icon 组件的大小，接着定义一个数组 iconColor，用来设置 icon 的颜色，最后定义了一个数组 iconType，用来设置不同的 icon 类型。

接着在 icon.wxml 文件中使用 block 标签进行列表数据绑定，具体代码如下：

```
<view class="content">
  <view class="group">
    <block wx:for="{{iconSize}}">
      <icon type="success" size="{{item}}"/>
    </block>
  </view>

  <view class="group">
    <block wx:for="{{iconType}}">
      <icon type="{{item}}" size="45"/>
    </block>
  </view>

  <view class="group">
    <block wx:for="{{iconColor}}">
      <icon type="success" size="45" color="{{item}}"/>
    </block>
  </view>
</view>
```

通过以上设置，可显示出微信小程序提供的 9 种类型 icon 的显示情况，如图 4-13 所示。

图 4-13 微信小程序提供的图标

如图 4-13 所示,第 1 行显示类型为 success 的 6 种不同大小图标。第 2 和第 3 行显示的是不同类型的图标,颜色使用默认值,大小为 45。第 4 行显示的是类型为 success,大小为 45px,颜色不同的图标。

第 5 章 保存数据到本地

微信小程序的基础是 HTML5，因此 HTML5 提供的本地缓存 localStorage 在微信小程序中也可以使用。本章继续完善第 4 章的计算器小程序，使用本地缓存来保存计算器的计算历史数据。

5.1 保存计算历史界面设计

在第 4 章的计算器小程序中有一个"历史"按钮，单击这个按钮可以查看到计算器小程序已经完成的计算历史。第 4 章并没有对该按钮的功能进行开发，本章来完成这个功能。首先进行界面的设计。

5.1.1 认识 switch 组件

对用户来说，用户对是否将计算过程保存到历史记录应该有选择权，即用户可以选择保存本次计算到历史记录，也可以选择不保存到历史记录。

对于这种在"是"和"否"之间进行选择的操作，表现在界面上，微信小程序提供了两种直观的组件，一种是复选框 checkbox 组件，另一种是开关选择器 switch 组件。在手机 APP 中，更多的是使用 switch 组件。

switch 组件的外观效果如图 5-1 所示，图中设置了 2 个 switch 组件，左侧的组件是处于选中状态，右侧的组件则是处于未选中状态。

switch 组件的显示样式也可以设置为复选框 checkbox 的形式，如图 5-2 所示的左边复选框样式就是 switch 组件设置为复选框类型后的效果。

图 5-1 switch 组件的效果

图 5-2 switch 组件显示为复选框的效果

switch 组件的属性很简单，有以下 3 个。

- checked：控制组件是否选中，默认为 false 未选中状态。
- type：设置组件的样式，有 switch 和 checkbox 两种，默认为 switch。
- bindchange：绑定组件的 checked 改变时的事件，即当 checked 属性变化，将触发该事件，执行对应的事件处理函数，并在事件对象的 detail 属性中传入 checked 的值（即 event.detail.value 的值表示当前 checked 的状态）。

5.1.2 switch 组件简单案例

下面先来做一个 switch 组件的简单案例，达到图 5-1 所示的效果。

首先编写 wxml 文件代码如下：

```
<view class="page">
 <view class="page__hd">
  <text class="page__title">switch组件</text>
 </view>
 <view class="page__bd">
  <view class="section section_gap">
   <view class="body-view">
    <switch checked bindchange="switch1Change"/><text>{{var1}}</text>
    <switch bindchange="switch2Change" style="margin-left:150rpx;"/>
    <text>{{var2}}</text>
   </view>
  </view>
 </view>
</view>
```

在上面的代码中，为了使 switch 组件的开关状态显示出来，在每个 switch 组件的右侧都放了一个 text 组件，并为 text 组件绑定了一个内容变量。还为每个 switch 组件绑定了事件处理函数。接下来就编写逻辑层的 JavaScript 代码，具体代码如下：

```
Page({
```

```
data:{
  var1:"开",
  var2:"关"
},
switch1Change: function (e){
  console.log('switch1 发生 change 事件,携带值为', e.detail.value)
  this.setData({
    var1:e.detail.value?"开":"关"
  })
},
switch2Change: function (e){
  console.log('switch2 发生 change 事件,携带值为', e.detail.value)
  this.setData({
    var2:e.detail.value?"开":"关"
  })
}
})
```

在上面的代码中,首先与视图层 wxml 文件对应初始化了两个变量 var1 和 var2,接着编写 switch 组件的事件处理函数,事件处理函数的参数 e 是一个事件对象,通过 e.detail.value 的方式获取组件当前是否选中,然后根据这个值改变 var1 和 var2 变量中的字符串。

为了控制组件的显示,还需要编写 wxss 样式代码,本例中使用的大部分 class 的样式在第 3 章 view 组件的案例中已列出,就不再重复了,读者也可参看本书的配套源文件。

5.2 修改计算器 UI

了解 switch 组件的使用方法后,回到主题,修改计算器小程序的 UI,在 UI 中添加 switch 组件,让用户选择是否保存计算过程到历史记录中。

5.2.1 添加 switch 组件

在计算器小程序 UI 中添加 switch 组件,本例中将 switch 组件添加到显示计算结果的 view 组件下方(当然,也可以添加到其他地方),最终结果如图 5-3 所示。

图 5-3　添加 switch 组件

实现以上界面效果的代码如下：

```
<view class="content">
   <view class="screen">{{result}}</view>

   <view class="btnGroup">
      <switch checked="{{record}}" bindchange="RecordHistory" >
      <view class="histext">保存历史记录</view>
   </view>

   ……
```

在以上代码中，为 switch 组件的 checked 属性绑定了逻辑变量 record，将 switch 组件的 bindchange 事件设置了事件处理函数，下面就可以编写这个事件处理函数的代码了。

5.2.2　获取 switch 的选择

在 calc.js 中添加名为 RecordHistory 的函数，用来处理 switch 组件的 bindchange 事件。在这个事件处理函数中的代码很简单，只需要将 switch 组件的状态保存到一个变量 record 中即可。当 record 的值为 true 时，编写代码将计算器的运算过程保存下来，如果 record 的值为 false，则什么也不做即可。

根据以上分析，在 JavaScript 代码的初始化数据部分增加一个变量 record，并设置其初始值为 true（与 switch 的初始值对应），然后在 RecordHistory 函数中根据 switch

的状态修改 record 的值即可,具体代码如下:

```
Page({
  data:{
    ......
    record:true        //计算过程记录到历史记录中
  },
  ......
  //修改记录标志
  RecordHistory:function(e){
    console.log(e);
    this.setData({
      record:e.detail.value
    })
  }
})
```

5.3 保存计算到本地缓存

前面的代码将保存数据的框架搭好了,接下来就需要编写实现业务的代码。下面首先简单介绍微信小程序保存数据的 API 函数,然后开始使用相应的函数编写业务代码。

5.3.1 保存数据的 API 接口函数

要将数据保存到本地缓存,可使用微信小程序提供的两个 API 接口函数:

- wx.setStorage
- wx.setStorageSync

1. wx.setStorage 接口函数

使用 wx.setStorage 函数可将数据存储在本地缓存的指定 key 中,如果在本地缓存中已存在指定的 key,则会覆盖原来该 key 对应的内容。这个接口函数是一个异步接口,其参数是个 Object 对象,这个对象有以下属性。

- key:本地缓存中的 key,是一个字符串。
- data:需要存储的内容,可以是一个字符串,也可以是一个 Object 对象。
- success:接口调用成功的回调函数。
- fail:接口调用失败的回调函数。

- complete：接口调用结束的回调函数（调用成功、失败都会执行）。

例如，有以下代码：

```
wx.setStorage({
    key:"key",
    data:"value",
    success:function(e){
      console.log("success");
      console.log(e)
    },
    fail:function(err){
      console.log("fail");
      console.log(err);
    },
    complete:function(e){
      console.log("complete");
      console.log(e);
    }
})
```

这段代码在本地缓存中保存一个名为"key"的缓存数据，其值为"value"，当缓存保存成功后将调用 success 中的代码，然后调用 complete 中的代码，当缓存保存失败时将调用 fail 中的代码，然后调用 complete 中的代码。

执行以上代码后，查看控制台的输出如图 5-4 所示。首先输出的是 success 信息，然后输出 complete 信息。从输出的信息可看到，无论是 success，还是 complete 回调，其参数对象都有一个名为 errMsg 的属性。由于正常情况下本地缓存肯定是成功的，所以 errMsg 属性的值都为"setStorage:ok"。

再切换到 Storage 界面，可看到本地缓存中有一条数据，如图 5-5 所示。

图 5-4　wx.setStorage 接口的事件输出

图 5-5　本地缓存的数据

2. wx.setStorageSync 接口函数

wx.setStorageSync 接口函数的功能与 wx.setStorage 相同，不同之处是 wx.setStorageSync

是一个同步接口，因此不需要 success、fail 和 complete 这 3 个回调函数。因此，wx.setStorageSync 函数的调用格式如下：

```
wx.setStorageSync(KEY,DATA)
```

其中的参数 KEY、DATA 与 wx.setStorage 中 Object 的同名属性相同。

在很多情况下，使用这个同步接口就可以了，只是需注意使用同步接口函数时，最好在外部包一个错误捕获，具体代码如下：

```
try {
    wx.setStorageSync('key', 'value')
} catch (e) {
    console.log(e)
}
```

5.3.2　本地缓存计算过程

回到正题，下面编写 JavaScript 代码将计算过程通过 wx.setStorageSync 接口函数缓存到本地。首先进行算法的简单分析。

（1）所谓计算过程，就是指计算中输入的运算数和运算符组成的一个表达式，以及最终的计算结果。如 7+5-3=9，这就是一个完整的计算过程。

（2）在计算器中，当按了等号按钮，就算完成了一个计算过程，这时，就需要将其保存下来。

（3）在计算器中，如果按删除按钮，应该将这之前的操作作为一个计算过程保存下来。

（4）除了以上 2 种情况需要保存计算过程之外，其他各操作都属于计算过程。

按以上分析，只需要在等号按钮和删除按钮中编写代码，就可完成保存计算过程的代码了。可实际上还不行。

首先，在第 4 章的计算器小程序中，只定义了一个变量 tmp 用来保存前一个运算的临时结果，并没有保存整个运算表达式。因此，还需要定义一个变量 expr 来保存运算表达式，expr 变量的值应该随着用户的按钮来进行处理，如果用户按键是加、减、乘、除这几个运算符按钮，则将计算数和运算符以字符串形式串起来，这样，就可得到运算过程的表达式。然后，分别在等号按钮或删除按钮中对 expr 变量进行处理就可以了。在等号按钮中，需要将最终结果计算一次，并串接到 expr 变量中。在删除按钮中，则需要将上一次运算的临时结果（保存在 tmp 变量中的值）与 expr 变量串接起来。

根据以上分析过程，编写出具体的代码如下（只需要修改逻辑层的 JavaScript 代码即可，由于在 calc.js 中修改了多处，为了方便读者对代码完整的阅读和理解，这里列出了 calc.js 的全部代码，并将新增的代码进行了加粗处理）：

```
var calculate=function(data1,oper,data2){    //计算函数
  var data;
  data1=parseFloat(data1);
  data2=parseFloat(data2);
  switch (oper)
   {
    case "+":
      data = data1 + data2;
      break;
    case "-":
      data = data1 - data2;
      break;
    case "×":
      data = data1 * data2;
      break;
    case "÷":
      if(data2 !== 0)
      {
        data = data1 / data2;
      }else{
        data =0;
      }
      break;
   }
  return data;
}

Page({
  data:{
    temp:"0",      //临时结果
    lastoper:"+",      //上一次操作符
    flag:true,       //上一按钮是非数字按钮
    result:"0",      //计算结果
    id1:"history",     //历史
    id2:"clear",     //清除（删除所有）
    id3:"back",      //回退（删除最后一个）
    id4:"div",       //除
    id5:"num_7",     //数字7
    id6:"num_8",
    id7:"num_9",
```

```
    id8:"mul",          //乘
    id9:"num_4",
    id10:"num_5",
    id11:"num_6",
    id12:"sub",         //减
    id13:"num_1",
    id14:"num_2",
    id15:"num_3",
    id16:"add",         //加
    id17:"negative",    //取负
    id18:"num_0",
    id19:"dot",         //小数点
    id20:"equ",         //等号
    record:true,        //计算过程记录到历史记录中
    expr:"",            //表达式
},
clickButton:function(e){  //单击事件处理函数
    var data = this.data.result;  //获取上一个结果值

    var tmp = this.data.temp;  //取上次的临时结果
    var lastoper1 = this.data.lastoper;  //上一次的操作符
    var noNumFlag = this.data.flag;  //上一次非数字按钮标志

    var expr1 = this.data.expr;  //获取前面的表达式

    if(e.target.id>='num_0' && e.target.id<='num_9'){  //判断是否按了数字按钮
      data += e.target.id.split("_")[1];  //正常情况，串接输入的值
      if(this.data.result == '0' || noNumFlag){  //原值为0，或上次按的非数字按钮
          data=e.target.id.split("_")[1];  //用输入的值替代
      }
      noNumFlag = false;
    }else{  //不是数字按钮
      noNumFlag=true;
      if(e.target.id == "dot"){  //小数点
        if(data.toString().indexOf(".")== -1)  //输入的值中不包含小数点
        {
          data += ".";
        }
      }else if(e.target.id == "clear"){  //清除按钮
        expr1 = expr1.substr(0,expr1.length -1) + "=" + tmp;  //删除最后的运算符
        if(this.data.record){
          wx.setStorageSync("expr",expr1);
        }
```

```
    expr1 = "";
    data = 0;       //数据清0
    tmp = 0;        //清除中间结果
    lastoper1 = "+"; //设置上次操作符为加
}else if(e.target.id == "negative"){ //数字取负
    data = -1 * data;
}else if(e.target.id == "back"){ //回退一个字符
    if(data.toString().length>1)  //长度超过1位数
    {
        data = data.substr(0,data.toString().length -1); //去掉最后一位
    }else{ //长度只有一位
        data=0; //置0
    }
}else if(e.target.id == "div"){ //除法
    expr1 += data.toString() + "÷";      //生成表达式
    data = calculate(tmp,lastoper1,data);
    tmp = data;
    lastoper1 = "÷";
}else if(e.target.id == "mul"){ //乘法
    expr1 += data.toString() + "×";            //生成表达式
    data = calculate(tmp,lastoper1,data);
    tmp = data;
    lastoper1 = "×";
}else if(e.target.id == "add"){ //加法
    expr1 += data.toString() + "+";          //生成表达式
    data = calculate(tmp,lastoper1,data);
    tmp = data;
    lastoper1 = "+";
}else if(e.target.id == "sub"){ //减法
    expr1 += data.toString() + "-";          //生成表达式
    data = calculate(tmp,lastoper1,data);
    tmp = data;
    lastoper1 = "-";
}else if(e.target.id == "equ"){ //等号
    expr1 += data.toString() ;       //生成表达式
    data = calculate(tmp,lastoper1,data); //计算最终结果
    expr1 += "=" + data;     //生成表达式
    if(this.data.record){
        wx.setStorageSync("expr",expr1);
    }

    expr1 = "";
    tmp=0;
    lastoper1 = "+";
```

```
      }
    }
    this.setData({
        result:data, //更新结果值
        lastoper:lastoper1,
        temp:tmp,
        flag:noNumFlag,
        expr:expr1
    });
  },
  //修改记录标志
  RecordHistory:function(e){
    this.setData({
      record:e.detail.value
    })
  }
})
```

以上代码有详细注释，就不逐一介绍其功能了。下面看看实际运行的效果，如图 5-6 所示，将"保存历史记录"开关设置为选中状态，然后输入 7×8-2，按等号按钮得到计算结果 54，右侧界面中切换到 Storage，可看到有一个名为 expr 的 key，其值为"7×8-2=54"，这就是保存的计算过程。

图 5-6　本地缓存的计算过程

另外，在图 5-6 中，还可看到一个名为 key，值为 value 的本地缓存数据，这是本章上一小节中代码的执行结果。从这里可以看出，本地缓存 localStorage 中存储的数据是永久存储的。

5.4 从本地缓存读取数据

在图 5-6 中可以看到本地缓存的数据，这是由于使用了小程序开发工具。当小程序发布到微信中以后，用户不能直观地看到这些数据，因此，需要编写代码将本地缓存的数据调出来，显示到一个界面中，让用户可以看到这些历史记录。

5.4.1 显示历史记录的界面设计

在计算器小程序最初的设计界面中，左上角的带圆圈的 i 字图标的按钮就是用来查看历史记录的。因此，在这个按钮的触按事件中编写代码，就可以显示历史记录。当然，还需要考虑历史记录显示的位置，在计算器界面中已经无法显示信息了，这时，可考虑新增一个页面，用来显示计算过程的历史记录。

在开发工具中切换到编辑界面，在 pages 中增加一个 history 子目录，然后在子目录中增加 history.js、history.wxml、history.json 和 history.wxss 这 4 个文件。

首先修改 history.json，编写如下代码：

```
{
    "backgroundTextStyle":"light",
    "navigationBarBackgroundColor": "#fff",
    "navigationBarTitleText": "查看历史记录",
    "navigationBarTextStyle":"black"
}
```

接着打开 history.js 文件，编写如下代码：

```
Page({
  data:{
      expr:"历史记录"
  }
})
```

在上面的代码中，定义了一个名为 expr 的变量，用来保存历史记录的数据，初始数据为一个中文字符串。

然后打开 history.wxml 文件，在其中编写以下代码：

```
<view class="container">
  <view>{{expr}}</view>
</view>
```

以上代码使用 view 组件来显示 expr 变量的内容。

然后，修改 app.json 中的代码，将 history 页面添加到 pages 数组中，具体如下所示：

```
{
  "pages":[
    "pages/calc/calc",
    "pages/history/history",
    ……
  ],
  ……
}
```

需要注意的是，这里的第 1 项保持为 calc 页面，以方便启动计算器页面。

最后，修改 calc 页面的逻辑层代码 calc.js，判断如果用户触按了历史按钮，则调用 wx.navigateTo 接口函数导航到查看历史记录页面。具体代码如下：

```
Page({
  ……
  clickButton:function(e){   //单击事件处理函数
    ……

    if(e.target.id>='num_0' && e.target.id<='num_9'){  //判断是否按了数字按钮
      ……;
    }else{  //不是数字按钮
      noNumFlag=true;
      if(e.target.id == "dot"){ //小数点
        ……
      }
      ……
      }else if(e.target.id == "history"){ //历史
        wx.navigateTo({
          url: '../history/history'
        })
      }
    }
    ……
  },
  ……
})
```

编写好以上代码后，在开发工具中进入调试界面，单击左上角的历史按钮，将切换到如图 5-7 所示的查看历史记录界面，由于还没有实际读取本地缓存的数据，因此界面显示的只是初始化的一个字符串"历史记录"。

图 5-7　查看历史记录界面

5.4.2　页面切换的相关接口函数

在上面的代码中，使用到了 wx.navigateTo 接口函数，其作用是切换页面，这个接口在实际应用中使用非常多。微信小程序提供了 3 个页面切换相关的接口函数，下面进行简单介绍。

1. wx.navigateTo 接口函数

这是上面代码中用到的切换页面的接口。这个接口的作用是保留当前页面，跳转到应用内的某个页面。这里的保留当前页面，是指跳转前的页面仍然保留，不从内存中释放，在跳转到的目标页面中可使用 wx.navigateBack 接口函数返回。

wx.mavigateTo 接口函数的参数是一个 Object 对象，该对象具有以下属性。

- url：需要跳转的应用内页面的路径，可以使用相对路径或绝对路径，如上面代码中使用的是相对路径（通过".."表示父目录），上面代码中的 url 参数也可设置为"/pages/history/history"这种绝对路径的形式。
- success：接口调用成功的回调函数。

- fail：接口调用失败的回调函数。
- complete：接口调用结束的回调函数（调用成功、失败都会执行）。

3 个回调函数的使用方法与 wx.setStorage 接口函数中的 3 个回调函数相同，这里就不再介绍了。

> **注意**
>
> 为了不让用户在使用小程序时造成困扰，官方规定页面路径只能是 5 层，请尽量避免多层级的交互方式。

2. wx.redirectTo 接口函数

wx.redirectTo 接口函数也可完成跳转页面的功能，与 wx.navigateTo 接口不同的是，wx.redirectTo 接口在跳转前会关闭当前页面，而不是保留当前页面。除了这个区别之外，两个接口函数的参数都是一样的，这里不再列出。

3. wx.navigateBack 接口函数

wx.navigateBack 接口函数不需要参数，其功能也很简单，就是关闭当前页面，回退到前一页面（即使用 wx.navigateTo 接口跳转前的页面）。

5.4.3 获取本地缓存数据

回到本章主题上来，制作好显示历史记录的页面，并和计算器页面建立好导航关系之后，注意力就转到获取本地缓存数据，并显示到界面中。与保存本地缓存对应，微信小程序提供了 2 个接口函数来获取本地缓存数据。

1. wx.getStorage 接口函数

这是一个异步接口，从本地缓存中获取指定 key 对应的内容，该接口函数有一个 Object 类型的参数，通过设置 Object 对象的属性进行操作，具体的属性如下所示。

- key：本地缓存中指定的 key。
- success：接口调用成功的回调函数，参数中包含 key 对应的内容，即 res = {data: key 对应的内容}。
- fail：接口调用失败的回调函数。
- complete：接口调用结束的回调函数（调用成功、失败都会执行）。

2. wx.getStorageSync 接口函数

这是一个同步接口函数，从本地缓存中获取指定 key 对应的内容，该接口函数只有一个 key 参数，用来指定要获取缓存数据的 key，函数的返回值就是指定 key 对应的内容。

本例使用 wx.getStorageSync 接口函数来获取缓存中的值。在 history.js 中编写如下代码：

```
Page({
  data:{
    expr:"历史记录"
  },
  onLoad:function(options){
    this.setData({
      expr:wx.getStorageSync("expr")
    })

  }
})
```

以上代码在页面加载回调函数中使用 wx.getStorageSync 接口函数从本地缓存中获取 key 为 "expr" 的数据，然后更新到 expr 变量中。

进入调试界面，在计算器界面中进行几步运算之后，单击历史按钮，可看到如图 5-8 所示的历史记录，切换到 Storage 界面，可看到显示的内容和本地缓存的内容相同。

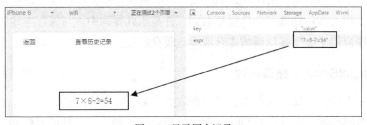

图 5-8　显示历史记录

5.5　保存多条历史记录

本章前面的代码只能查看到最近一次计算过程的历史记录，如果要查看多个计算过程的历史记录，则还需要修改程序。

5.5.1 使用数组保存多条历史记录

对需求进行简单分析，前面的代码使用字符串，每次保存最近一次计算过程。使用 wx.setStorageSync 接口函数保存数据到本地缓存时，会用当前数据覆盖指定 key 的原有数据。如果要保存多个历史记录，一种方法是不断地变化 key 的名称，这样缓存的数据就不会被覆盖，但麻烦的地方是，还需要再定义一个变量来维护多个 key，因此这种方法不太实用；另一种方法是，只使用一个 key，将缓存的数据保存在一个数组中，每次启动计算器小程序，首先从本地缓存中将保存的历史记录数组读取出来，将增加历史记录时，只需要将运算过程字符串增加到数组后面，然后再将整个数组缓存。

根据上面的分析，修改计算器小程序，实现保存多个历史记录的功能。

首先修改 calc.js 中的代码，修改部分如下：

```
//保存数据到本地缓存的数组中
var saveExprs = function(expr){
  var exprs = wx.getStorageSync('exprs') || []  //获取本地缓存
  exprs.unshift(expr);      //在数组开头增加一个元素
  wx.setStorageSync('exprs', exprs);   //保存到本地缓存
}

Page({
  clickButton:function(e){   //单击事件处理函数
    ……
    if(e.target.id>='num_0' && e.target.id<='num_9'){ //判断是否按了数字按钮
      ……
    }else{  //不是数字按钮
      noNumFlag=true;
      if(e.target.id == "dot"){ //小数点
        ……
      }else if(e.target.id == "clear"){ //清除按钮
        expr1 = expr1.substr(0,expr1.length -1) + "=" + tmp; //删除最后的运算符
        // if(this.data.record){
        //    wx.setStorageSync("expr",expr1);
        // }

        saveExprs(expr1);

        ……
      }else if(e.target.id == "equ"){ //等号
        expr1 += data.toString() ;    //生成表达式
```

```
            data = calculate(tmp,lastoper1,data);  //计算最终结果
            expr1 += "=" + data;      //生成表达式
            // if(this.data.record){
            //   wx.setStorageSync("expr",expr1);
            // }

            saveExprs(expr1);

            ......
        })
      }
    }
    ......
})
```

以上代码中，首先定义了一个名 saveExprs 的函数，该函数从本地缓存中读取 key 为 "exprs" 的内容（如果没有该 key，则生成一个空数组），然后向其数组第 1 个元素位置增加一个元素，增加元素的内容为一条计算过程的历史记录，最后将数组再次保存到本地缓存。

有了 saveExprs 函数，在需要缓存的地方调用该函数即可，如上面代码中的清除按钮和等号按钮中的代码所示。

保存缓存的代码编写好之后，接下来修改显示历史记录的页面，首先打开 history.js，修改原来的代码为以下内容。

```
Page({
  data:{
    //expr:"历史记录",
    exprs:[]
  },
  onLoad:function(options){
    this.setData({
        //expr:wx.getStorageSync("expr")
        exprs:wx.getStorageSync("exprs") ||[]
    })

  }
})
```

最后修改 history.wxml 代码，循环输出数组中的多条历史记录，具体代码如下：

```
<view class="container">
    <block wx:for="{{exprs}}">
        <view>{{item}}</view>
```

```
    </block>
</view>
```

经过以上修改，就将程序原来只能保存一条历史记录调整为可保存多条历史记录了。进入调试界面，在计算器页面进行多个计算，然后切换到历史记录页面，可看到如图 5-9 所示的结果。

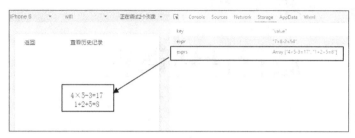

图 5-9　显示多条历史记录

5.5.2　清理本地缓存

从图 5-9 可看到，在本地缓存中，除了程序中有用的 exprs 这条记录之外，还有 2 条记录是程序中没有使用的，但这 2 条数据仍然存在。这是由于 localStorage 具有永久存储的特性。在微信小程序中，本地缓存数据量的大小是有限制的，最大为 10MB，如果各程序执行中的这些本地缓存一直存在，在极端情况下，会导致本地缓存数据量超过最大限制而不能使用。因此，必须在满足某种条件的情况对本地缓存进行清理。微信小程序提供了 2 个清理本地缓存的接口函数。

1. wx.clearStorage 接口函数

wx.clearStorage 接口函数清理本地数据缓存，该接口函数不需要任何参数，可将本地缓存所有的 key 都清除。

2. wx.clearStorageSync 接口函数

wx.clearStorageSync 是同步清理本地数据缓存的接口函数，该接口函数同样不需要参数。在使用同步版本的接口函数时，最好在函数外部进行异常捕获。例如，同步清理本地缓存可使用以下代码：

```
try {
    wx.clearStorageSync()
} catch(e) {
    Console.log(e)
}
```

第 6 章 旅行计划调查

在 Web 页面设计中，HTML 提供了表单来收集信息，微信小程序对 HTML5 表单及表单元素进行了封装，提供了丰富的表单组件。例如，前面几章中使用过的 input 组件、slider 组件、button 组件、switch 组件等。本章以旅行计划调查表为例，介绍微信小程序的表单及表单组件的使用。

6.1 用 form 组件收集信息

与 Web 开发类似，在微信小程序中，form（表单）也是前端视图层与后端服务层交互过程中最重要的信息来源。通常意义上，使用表单向后端服务层提交数据总是很方便的。

6.1.1 认识 form 组件

微信小程序的表单组件标签为 form（与 HTML 的表单元素相同），不过，小程序的 form 组件具有一些特殊的属性，具体如下。

- report-submit：是否返回 formId 用于发送模板消息。
- bindsubmit：携带 form 中的数据触发 submit 事件，event.detail = {value : {'name': 'value'} , formId: ''}。
- bindreset：表单重置时会触发 reset 事件。

下面首先用前几章中使用过的几个表单组件来创建一个表单，以演示小程序表单的使用，最终要求做出如图 6-1 所示的表单界面。

图 6-1 表单效果

分析如图 6-1 所示的表单，该表单使用了 switch 组件、slider 组件、input 组件、button 组件，这些都是前几章使用过的，将这些组件放置到 form 组件中即可，具体代码如下：

```
<view class="content">
 <form bindsubmit="formSubmit" bindreset="formReset">
   <view class="section section_gap">
     <view class="section__title">声音</view>
     <switch name="voice" checked="{{open}}"/>
   </view>
   <view class="section section_gap">
     <view class="section__title">音量</view>
     <slider name="volume" show-value value="{{vol}}" ></slider>
   </view>

   <view class="section">
     <view class="section__title">配置名</view>
     <input name="config_name" placeholder="输入配置名称" value="{{configName}}" />
   </view>

   <view class="btn-area">
     <button formType="submit" type="primary" type="primary">确定</button>
     <button formType="reset">重置</button>
```

```
    </view>
  </form>
</view>
```

在上面的 wxml 代码中，组件都包含在 form 中，form 组件设置了 bindsubmit 和 bindreset 两个事件代码。

以上的 wxml 代码将组件层次设置好，为了达到如图 6-1 所示的效果，还需要设置 wxss 样式文件，具体代码如下：

```
.content {
  margin:40rpx;
}

.section{
    margin-bottom: 80rpx;
}
.section_gap{
    padding: 0 30rpx;
}

.section__title{
    margin-bottom: 16rpx;
    padding-left: 30rpx;
    padding-right: 30rpx;
}

.btn-area{
    padding: 0 30px;
}

button{
    margin:20rpx 0;
}
```

以上操作将本例的视图层设计完毕，在小程序的调试界面中可以看到如图 6-1 所示的界面效果。接下来，就需要编写逻辑层的代码，将表单的数据提交到后端服务层。

6.1.2　表单的提交

表单的数据要提交到后端服务层，需要后端程序员先把后端程序编写好，然后定义一个接收表单提交数据的接口，微信小程序在表单提交事件处理函数（绑定在 bindsubmit 事件属性中）里编写代码向后端提交表单的数据即可。

第6章 旅行计划调查

首先来看如何获取表单中各组件的值。

通过前面几章使用表单组件的案例可看到，每个组件都会有一个提供获取组件值的事件绑定属性，例如，要获取 input 组件中输入的值，可通过 input 组件的 bindchange 属性、bindinput 属性等多个绑定事件来获得输入 input 组件中输入的值，然后将这个值保存到 data 中，在用户单击提交按钮时，再将 data 中相关数据 POST 到后端服务层即可。

其实，还有更快捷的方式。如果将表单组件放置到 form 组件中，则程序中只需要在 form 组件的 bindsubmit 属性中编写事件函数就可获取整个表单各组件的值。

还是看具体的例子，在已经编写好如图 6-1 所示表单界面的基础上，编写小程序的逻辑层代码，具体如下（包括视图层绑定的初始化数据）：

```
Page({
  data:{
    open:true,
    vol:50,
    configName:"配置1"
  },
  formSubmit: function(e) {
    console.log('提交表单数据')
    console.log(e.detail)
  }
})
```

在上面的代码中，formSubmit 就是处理表单提交的事件处理函数，在该函数中只是将事件对象中的 detail 属性对象输出到控制台，方便程序员查看表单中各组件的值。

编写好以上代码后，单击左侧的"编译"按钮进入调试界面，调整界面中各组件的值，然后单击"确定"按钮，在右侧 Console 界面中可看到如图 6-2 所示的结果。

图 6-2 通过表单获取组件的值

图 6-2 在控制台输出的是事件对象的 detail 属性的值，可以看到，detail 又是一个对象，其中的 value 属性对象中包含了表单中 3 个组件的设置值。可以看到，在 value 属性对象中的每个值是以组件名称来定义的。

这样，通过 e.detail.value.config_name 即可获取表单中名为 "config_name" 的 input 组件的输入值，通过 e.detail.value.voice 可获取表单中名为 "voice" 这个 switch 组件的值。

获取到表单中各组件的值之后，就可以向后端提交这些数据了。

HTML 的表单元素有一个名为 action 的属性，可设置后端接口的地址，在微信小程序的 form 组件中没有这个属性。因此，要将表单中的值提交到后端，需要使用微信小程序提供的网络 API（如 wx.request），这些在第 9 章中介绍。

6.1.3 表单的重置

对 form 表单组的 bindreset 属性绑定表单重置事件处理函数，然后在表单中定义一个 formType 属性为"reset"的按钮，单击该按钮就会调用 bindreset 属性中绑定的事件处理函数。

通常来说，不需要在重置事件处理函数中进行什么操作，因为，单击 formType 属性为"reset"的按钮后，表单中各组件的值都会被恢复为组件的默认值。这一点要特别注意，重置时并不是将表单中各组件的值重置为页面初始数据 data 中绑定的值。

例如，在本节的例子中，单击下方的"重置"按钮，表单将变为如图 6-3 所示的效果。

从图 6-3 可以看出，音量滑动条并不是重置为 data 中的初始值 50，而是重置为 0，这是因为滑动选择器 slider 组件的属性 value 的默认值是 0。类似的，在"配置名"这个输入框中显示的是"输入配置名称"的提示信息，这是因为 input 组件的属性 value 的默认值为空，而该组件的属性 placeholder 的设置值为"输入配置名称"。

图 6-3 重置表单的效果

6.2 设计旅行计划调查

上节中的案例使用了前面几章使用过的 input 组件、slider 组件和 switch 组件来创建一个表单，微信小程序还提供更多的表单组件，如图 6-4 所示是目前微信小程序提供的 10 个表单组件，除了前面使用的 5 个组件（含 button 组件和 form 组件）之外，另外 5 个组件分别是：checkbox 复选框组件、label 标签组件、picker 滚动选择器组件、radio 单选组件和 textarea 组件。本章接下来的案例将演示这 5 个组件的使用。

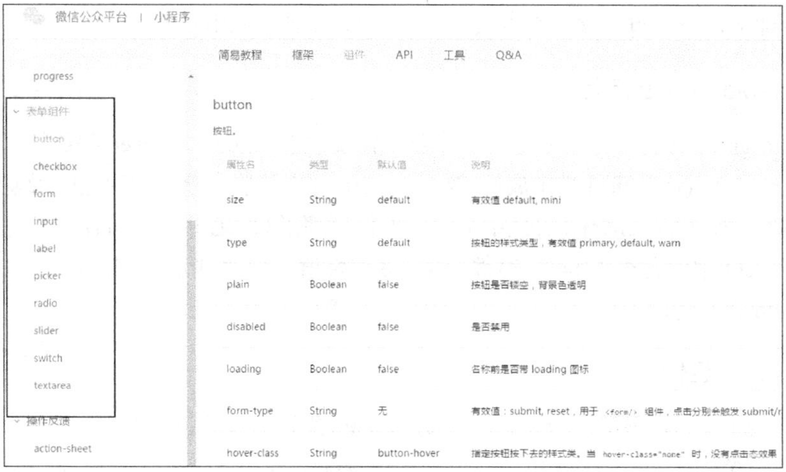

图 6-4 表单组件列表

本章将完成一个旅行计划调查表单的设计，最终表单的界面如图 6-5 所示。从图 6-5 中可看出，该表单使用 radio 组件让用户输入性别，使用 checkbox 组件选择想去旅游的国家，使用 picker 组件选择出发日期和时间，使用 textarea 组件接收用户的建议，使用 label 组件方便用户选择 textarea 组件。

有了图 6-5 这个结构图，下面就开始使用相关表单组件来完成这个旅行计划调查表的设计，并在设计过程中逐步学习相关表单组件的使用。

图 6-5 旅行计划调查表单

6.3 选择性别（单选）

如图 6-5 所示，在表单中用 radio 组件让用户选择性别，在表单中使用了 2 个 radio 组件，并将这两个组件设置为一个单选按钮组（radio-group 组件）。

6.3.1 认识 radio 和 radio-group 组件

radio 组件在界面中显示为一个带单选圆圈的项目，通过 radio-group 组件将多个 radio 组件组合为一组，这一组中只有一个 radio 能处于选中状态。

1. radio-group 组件

radio-group 作为一个容器组件，本身不需要设置 value、checked 等属性，只有一个名为 bindchange 的事件绑定属性，当 radio-group 中的选中项发生变化时触发 change 事件，就会执行 bindchange 属性中绑定的事件处理函数，在事件处理函数中输入的事件对象 event 中包含选中 radio 组件的 value 属性值，即通过 event.detail.value 可得到选中 radio 组件的值。

2. radio 组件

一个 radio 组件显示一个单选项，每个 radio 组件可设置以下属性。

- value：单选按钮的标识。当该 radio 被选中时，radio-group 的 change 事件会携带这个属性内容。
- checked：设置当前 radio 是否选中。
- disabled：设置是否禁用当前 radio。

6.3.2 用 radio 组件列出性别

可以看出，raido-group 和 radio 组件的属性很简单，接下来就使用这 2 个组件来设计旅行计划调查表单中的性别选择部分。

首先新建名为 travel 的子目录及下面同名的几个相关文件，然后打开 travel.wxml 文件，在其中输入以下内容：

```
<view class="content">
  <form bindsubmit="formSubmit" bindreset="formReset">
    <view class="section" >
      <view class="section__title">性别: </view>
```

```
    <radio-group name="sex">
      <label><radio value="male" checked/>男</label>
      <label><radio value="female" style="margin-left:20rpx;"/>女</label>
    </radio-group>
  </view>

  <view class="btn-area">
    <button formType="submit" type="primary">提交</button>
    <button formType="reset">重置</button>
  </view>
 </form>
</view>
```

在上面的代码中，首先创建了一个 class 为 content 的容器，然后在容器中放置了一个 form 表单组件，接着在表单组件中添加了 radio-group 组件，在 radio-group 中又添加了 2 个 radio 组件。在表单下方还添加了 2 个按钮，分别用于表单的提交和重置。

需要注意的是，在 radio-group 组件中设置了 name 属性，而 radio 中没有 name 属性，当提交表单时，选中的 radio 的 value 将保存在 radio-group 中，具体的内容下面将会演示。

接着编写 travel.wxss 文件，为本页面设置一些特殊的样式，具体代码如下：

```
.section{
   margin-bottom: 40rpx;
   border:1px solid #e9e9e9;
   border-radius:6rpx;
}

.section__title{
   margin-bottom: 16rpx;
   padding-left: 30rpx;
   padding-right: 30rpx;
   background-color:aqua;
}

radio-group{
   padding:20rpx;
}
```

以上样式中，为 section 设置了边框、圆角，并将原来的底部间距 80rpx 调整为 40rpx（否则在一屏中显示不完整个表单）。而 section__title 则添加了背景色，使每一项的标题突出显示。最后为 radio-group 设置了内边距。

在模拟器中查看，可得到如图 6-6 所示的性别选择界面。

图 6-6　选择性别

6.3.3　获取性别内容

要想获取表单中用户选择的性别，需要在 travel.js 文件中编写以下代码，查看提交表单时的具体数据。

```
Page({
  formSubmit: function(e) {
    console.log('提交表单');
    console.log(e.detail.value)
  },
  formReset: function() {
    console.log('form 发生了 reset 事件')
  }
})
```

编写好以上代码之后，切换到调试界面，并打开控制视图，在性别中选择"女"，单击"提交"按钮，在控制视图中可看到如图 6-7 所示的输出。从输出的内容来看，输出的是一个 Object，有一个名为 sex 的属性，其值为"female"。其中属性 sex 是在 travel.wxml 中为 radio-group 定义的 name 属性值，而"female"则是选中的 radio 组件（"女"）的 value 值。也就是说，在提交的表单中，可以通过 e.detail.value.sex 来获取选中的性别。

图 6-7　获取性别内容

注意

当 radio-group 中没有一个 radio 组件处于选中状态时,将返回空字符串,即 e.detail.value.sex=""。

6.3.4　根据数据生成 radio 组件

在旅行计划调查表单中,单选按钮的值("男"和"女")是固定的内容,可以在界面设计时就将其固定。在开发过程中还经常会遇到另一种情况,即每个 radio 显示的内容是动态的。例如,在旅行计划调查表单中,根据旅行社的业务开展情况,可提供不同的目的地国家列表供用户选择,这时,国家名称就是不固定的(通常是通过后台服务提供一个国家名称的列表),这该怎么处理呢?

对于这种情况,可以使用微信小程序提供的列表渲染功能将动态数据生成到界面中。下面用一个小例子来演示具体的使用情况。具体步骤如下:

(1)首先创建名为 radio 的页面及相关子目录和文件。

(2)在 radio.js 文件中创建以下数据:

```
Page({
  data: {
    items: [
      {name: 'Europe', value: '欧洲'},
      {name: 'america', value: '美洲', checked: 'true'},
      {name: 'africa', value: '非洲'},
      {name: 'SoutheastAsia', value: '东南亚'},
      {name: 'other', value: '其他'}
    ]
  }
})
```

这里的 items 数据用来测试程序，实际应用中，这部分数据应该通过网络向服务端获取。

（3）在 radio.wxml 文件中输入以下代码，用来动态创建 radio 组件：

```
<view class="page">
 <view class="page__hd">
   <text class="page__title">选择目的地</text>
 </view>
 <view class="page__bd">
   <view class="section section_gap">
     <radio-group class="radio-group" bindchange="radioChange">
       <label class="radio" wx:for="{{items}}">
         <radio value="{{item.name}}" checked="{{item.checked}}"/>
           {{item.value}}
       </label>
     </radio-group>
   </view>
 </view>
</view>
```

在上面代码中，label 组件使用了 wx:for 列表渲染控制命令，根据 items 数组中的值动态渲染出多个 radio 组件，其中每个 radio 组件的 value 等于数组中元素的 name 值，而将数组元素的 value 作为显示值显示出来。

（4）根据需要编写 radio.wxss 中的样式，由于篇幅所限，这里就不列出来了。

（5）进入调试界面，可看到如图 6-8 所示的结果。读者可试着在 radio.js 中修改 items 数组的值，再查看调试结果是否会随之变化。

6.4 选择想去的国家（多选）

图 6-8 根据数据生成 radio 组件

回到旅行计划调查表单中来，从图 6-5 可看到，在"想去的国家"项中，允许用户选择多个国家或地区名称，这就需要使用到 checkbox 组件。

6.4.1 认识 checkbox 和 checkbox-group 组件

与 radio、radio-group 类似，checkbox 和 checkbox-group 组件通常也是成对出现的，其中 checkbox 组件显示一个项目，而 checkbox-group 则将多个 checkbox 组合成一组。

1. checkbox-group 组件

checkbox-group 组件是一个容器组件，提供一个 bindchange 属性用来绑定选择改变事件的处理函数，其使用方法与 radio-group 中的同名属性相同。

2. checkbox 组件

与 radio 组件相似，checkbox 组件提供以下 3 个属性。

- value：选中某个 checkbox 组件时，将触发 checkbox-group 组件的 change 事件，并携带 checkbox 中的 value 属性值。
- disabled：设置是否禁用当前 checkbox 组件。
- checked：设置当前 checkbox 组件是否为选中状态。

6.4.2 国家名称的多选

接着设计旅行计划调查表单，在性别下方添加想去的国家和地区多选框。

首先，在 travel.js 中准备国家和地区名称列表，作为初始化数据，具体代码如下：

```
Page({
  data:{
    regions:[
      {name: 'CHN', value: '中国', checked: 'true'},
      {name: 'USA', value: '美国'},
      {name: 'BRA', value: '巴西'},
      {name: 'ENG', value: '英国'},
      {name: 'TUR', value: '法国'},
    ],
    time:'8:00',
    date:'2016-11-1',
    suggest:''
  },
  formSubmit: function(e) {
    console.log('提交表单');
    console.log(e.detail.value)
  },
```

```
formReset: function() {
  console.log('form 发生了 reset 事件')
}
})
```

上面的代码中,在初始化数据 data 中设置了一个名为 regions 的数组,其中包含国家名称、显示的中文字符、选中状态(如"中国"处于选中状态,其 checked 的值为 true)。

接着,在 travel.wxml 文件中编写以下代码,使用 wx:for 将数组渲染到界面中:

```
<view class="content">
  <form bindsubmit="formSubmit" bindreset="formReset">
    <view class="section" >
      <view class="section__title">性别:</view>
      <radio-group name="sex">
        <label><radio value="male" checked/>男</label>
        <label><radio value="female" style="margin-left:20rpx;"/>女</label>
      </radio-group>
    </view>

    <view class="section">
      <view class="section__title">想去的国家</view>
      <checkbox-group name="region">
        <label class="checkbox" wx:for="{{regions}}">
          <checkbox value="{{item.name}}" checked="{{item.checked}}"/>
            {{item.value}}
        </label>
      </checkbox-group>
    </view>
    ... ...
  </form>
</view>
```

除了这种根据数据自动生成 checkbox 组件之外,也可以像设置性别一样,将每个 checkbox 组件写上固定的值。

6.4.3 获取选中的数据

编写好以上代码,还需要修改一下 travel.wxss 文件,然后就可以看到如图 6-9 所示的界面。

在图 6-9 所示界面中,通过单击复选框或国家的名称可以选中(或取消),然后单击"提交"按钮,在控制界面可看到表单中各组件操作的值,如图 6-10 所示。从右侧的输出可看出，提交的表单有一个 Object 对象，有两个属性。一个名为 region，是一个数组，该数组有 3 个元素，每个元素的值对应一个 checkbox 组件的 value 属性（注意，是 checkbox 组件的 value 属性，不是 name 属性）；另一个属性名为 sex，是 radio-group 组件中选择的性别对应的值。

图 6-9　根据数据生成 checkbox 组件

图 6-10　获取选中的复选框

6.5　选择日期和时间

接着完成图 6-5 所示的旅行计划调查表单，在选择想去的国家之后，下方就是出发日期。从图 6-5 所示的界面来看，可以使用一个 input 组件接收用户输入日期格式的字符串。但是，使用 input 输入日期还是有一些麻烦，小程序的 input 组件可通过 type 属性指定输入的类型为 date，但是，目前该组件还不能对输入的内容进行日期校验，即用户可以输入非法的日期值（如输入 2016-13-35 这样一个不存在的日期）。另外，使用手机键盘输入的效率比较低。

在微信小程序中，提供了一个名为 picker 的组件，通过这个组件可方便、快捷地输入日期、时间或其他固定的列表值。

6.5.1　认识 picker 组件

picker 滚动选择器组件现在支持三种数据类型选择器，通过 mode 属性来区分，分别是普通选择器、时间选择器和日期选择器，默认是普通选择器。

1. 普通选择器

将 picker 组件的 mode 属性设置为 "selector"（或不设置 mode 属性），则 picker 选择器为普通选择器。

普通选择器有以下 3 个属性。

- range：这是一个字符串数组，数组中的每一个元素作为选择器的一个选项。当 mode 为 selector 时，该属性有效。
- value：为一个整数，表示选择了 range 数组中的第几个元素，与数组序号相同，从 0 开始。
- bindchange：当 value 属性改变时（即在选择器中进行了选择操作后）触发 change 事件，事件对象 event 中包含 value 值。

2. 日期选择器

将 picker 组件的 mode 属性设置为 "date"，则 picker 选择器为日期选择器，可选择日期值。

日期选择器有以下 5 个属性。

- value：为一个日期格式的字符串，表示选中的日期值，其格式为 "yyyy-MM-dd"。
- start：为一个日期格式的字符串，表示在选择器中出现的有效日期范围的开始，字符串格式为 "yyyy-MM-dd"。
- end：为一个日期格式的字符串，表示在选择器中出现的有效日期范围的结束，字符串格式为 "yyyy-MM-dd"。
- fields：为一个字符串，有效值为 "year"、"month"、"day"，表示选择器的粒度，默认为 "day" 即可选择的最小值单位按天变化。
- bindchange：为事件处理函数，当选择器的 value 改变时将触发 change 事件。

3. 时间选择器

将 picker 组件的 mode 属性设置为 "time"，则 picker 选择器为时间选择器，可选择时间值。

时间选择器有以下 4 个属性。

- value：为一个表示时间的字符串，表示选中的时间，格式为 "hh:mm"。
- start：为一个表示时间的字符串，表示选择器中的有效时间范围的开始，字符串格式为"hh:mm"。
- end：为一个表示时间的字符串，表示选择器中的有效时间范围的结束，字符串格式为"hh:mm"。
- bindchange：为事件处理函数，当选择器的 value 改变时将触发 change 事件。

6.5.2 picker 组件小案例

上面介绍了 picker 组件的相关属性，下面用一个小案例来演示该组件的 3 种选择器模式的使用，具体步骤如下：

（1）创建名为 picker 的子目录和页面相关文件。

（2）在 picker.js 中准备初始数据，具体代码如下：

```
Page({
  data: {
    countries: ['中国','美国','巴西','日本','英国','法国','意大利'],
    index: 0,
    date: '2016-09-01',
    time: '12:01'
  },
})
```

在上面代码中，countries 为国家名称的数组，在普通选择器中显示这些国家名称供用户选择，index 为选择的国家名称在 countries 中的序号。date 为一个日期格式的字符串，绑定日期选择器，time 为一个时间格式字符串，绑定时间选择器。

（3）在 picker.wxml 文件中编写以下代码：

```
<view class="page">
 <view class="page__hd">
  <text class="page__title">picker 选择器</text>
 </view>
 <view class="page__bd">
  <view class="section">
   <view class="section__title">地区选择器</view>
   <picker bindchange="bindPickerChange" value="{{index}}"
       range="{{countries}}">
    <view class="picker">
     当前选择：{{countries[index]}}
    </view>
   </picker>
  </view>
```

```
<view class="section">
  <view class="section__title">日期选择器</view>
  <picker mode="date" value="{{date}}" start="2016-09-01" end="2018-09-01"
      bindchange="bindDateChange">
    <view class="picker">
      当前选择: {{date}}
    </view>
  </picker>
</view>

<view class="section">
  <view class="section__title">时间选择器</view>
  <picker mode="time" value="{{time}}" start="09:01" end="21:01"
      bindchange="bindTimeChange">
    <view class="picker">
      当前选择: {{time}}
    </view>
  </picker>
</view>
</view>
```

在上面的代码中，首先创建了一个普通选择器，在这个选择器中，设置 range 属性为数组 countries，即在选择器中可以选择数组 countries 中的所有国家名称供用户选择，value 属性设置默认选择的值（这里绑定的是 index 变量的值，index 初始化为 0，则选择 countries 数组中的第 1 个元素"中国"）。

接着创建一个日期选择器，并将其初始值 value 绑定为 date 中的值，设置有效日期范围为 2016-09-01 至 2018-09-01。

最后创建一个时间选择器，将其初始值 value 绑定为 time 中的值，并设置有效时间为 09:01 至 21:01。

（4）上面 3 个不同类型的选择器分别在 bindchange 属性中设置事件处理函数的绑定，修改 picker.js 代码，编写 3 个事件处理函数。事件处理函数中的逻辑都比较简单，将选择器的值更新到 data 中，以方便界面显示的数据的更新。具体代码如下：

```
Page({
  data: {
    countries: ['中国','美国','巴西','日本','英国','法国','意大利'],
    index: 0,
    date: '2016-09-01',
```

```
      time: '12:01'
    },
    bindPickerChange: function(e) {
      console.log('picker 发送选择改变')
      console.log(e.detail.value)
      this.setData({
        index: e.detail.value
      })
    },
    bindDateChange: function(e) {
      console.log('日期发生改变')
      console.log(e.detail.value)
      this.setData({
        date: e.detail.value
      })
    },
    bindTimeChange: function(e) {
      console.log('时间发生改变')
      console.log(e.detail.value)
      this.setData({
        time: e.detail.value
      })
    }
})
```

（5）编写好以上代码后，进入调试界面，可看到如图 6-11 所示的界面。初始情况下，地区选择器下显示的是"中国"（因为初始数据中 index 的值为 0，所以显示 countries 中第 1 项的内容），日期选择器和时间选择器下分别显示初始数据中的值。

单击地区选择器中的"中国"，将在界面中显示一个屏蔽层，这时，不可以操作主界面中的内容，只可以在下方显示的国家名称列表中进行操作，在这个国家名称列表中列出了数组 countries 中的各国家名称，上下滚动以选择不同的国家名称，如图 6-12 所示，选择的项的颜色较深。选择好需要的项之后，单击右上方的"确定"即可返回图 6-11 所示界面，同时，在地区选择器下方将显示选中的国家名称（如"巴西"）。

在图 6-11 所示界面中单击日期选择器下方的日期，将显示如图 6-13 所示的界面，同样，在主界面中显示了一个屏蔽层，不能再操作主界面中的内容，只可以进行日期的选择操作。在这里，可对年、月、日分别进行上下滚动选择操作。由于在 wxml 代码中设置了日期的最大值和最小值，因此，这里滚动操作时，年、月、日的值将不能滚动到超过这个区间的值（如本例中，不能将年设置为 2015 年）。滚动选择好年、月、日之后单击右上方的"确定"，即可返回主界面。

图 6-11 选择器示例　　　　　图 6-12 普通选择器效果

类似的,在图 6-11 所示界面中单击时间选择器下方的时间,将显示如图 6-14 所示的界面。在这个界面中滚动选择时间的小时和分钟。同样,如果设置了时间的有效区间,则只能在这个区间内进行选择。

在这 3 个选择器的 wxml 代码中都设置了 bindchange 属性,当选择器中的选择项发生改变时,会触发 change 事件,本例代码中将选择器的选择值更新到 data 的对应变量中,由于这些变量绑定在界面中,因此界面中的显示值也会随之变化。具体的变化读者可通过控制界面的输出来观察,由于篇幅所限,这里就不列出来了。

图 6-13 日期选择器效果　　　　　图 6-14 时间选择器效果

6.5.3 收集出发日期

通过上面的案例，对 picker 选择器的使用有了全面的了解，接下来就可以设计图 6-5 所示界面中与日期、时间相关的组件了，这里使用 picker 组件来收集出发日期和时间。

首先修改 travel.wxml 文件的内容：

```
<view class="content">
  <form bindsubmit="formSubmit" bindreset="formReset">
    ... ...
    <view class="section">
    <view class="section__title">出发日期</view>
    <picker mode="date" name="date1" value="{{date}}" start="2016-09-01"
        end="2018-09-01" bindchange="bindDateChange">
      <view class="picker">
        {{date}}
      </view>
    </picker>
  </view>

  <view class="section">
    <view class="section__title">出发时间</view>
    <picker mode="time" name="time1" value="{{time}}" start="08:00" end="22:00"
        bindchange="bindTimeChange">
      <view class="picker">
        {{time}}
      </view>
    </picker>
  </view>

    ... ...
  </form>
</view>
```

6.5.4 获取 picker 选择的日期

在上面代码中设置了数据绑定，因此需要在 travel.js 中设置初始数据，只需要设置 date1、time1 的初始值即可。同时，由于需要将选择器中选择的数据更新到界面中，还需要对 bindchange 属性设置事件处理函数，更新 data 中对应的数据，因此，在 travel.js

中添加以下代码：

```
Page({
  data:{
    ……
    time:'8:00',
    date:'2016-11-01',
    suggest:''
  },
  formSubmit: function(e) {
    console.log('提交表单');
    console.log(e.detail.value)
  },
  formReset: function() {
    console.log('form 发生了 reset 事件')
  },
  bindTimeChange:function(e){
    console.log(e.detail.value)
  },
  bindDateChange:function(e){
    console.log(e.detail.value)
  }
})
```

编写好以上代码之后，进入页面调试模式，在表单中进行操作，选择适当的数据，单击"提交"按钮，在控制界面中即可看到表单获取的数据，如图 6-15 所示。

图 6-15　查看表单数据

从图 6-15 控制界面中输出的对象属性可看到，date1 和 time1 对应界面中显示的日期和时间，其他属性的值也与表单中对应的组件的值相同。

6.6 输入建议

在图 6-5 所示界面中，还有一个用于收集用户建议的输入框。普通的输入内容使用 input 组件就可以了，只是 input 组件适用于输入内容较少的情况。当需要用户输入较多内容时，可使用 textarea 组件，这个组件可接收多行输入数据。其他方面与 input 组件基本相同。

因此，在界面中添加 textarea 组件之后，就算完成了整个旅行计划调查表单的设计。完整的 travel.wxml 代码如下所示：

```
<view class="content">
 <form bindsubmit="formSubmit" bindreset="formReset">
  <view class="section" >
    <view class="section__title">性别：</view>
    <radio-group name="sex">
      <label><radio value="male" checked/>男</label>
      <label><radio value="female" style="margin-left:20rpx;"/>女</label>
    </radio-group>
  </view>

  <view class="section">
     <view class="section__title">想去的国家</view>
     <checkbox-group name="region">
       <label class="checkbox" wx:for="{{regions}}">
         <checkbox value="{{item.name}}" checked="{{item.checked}}"/>
           {{item.value}}
       </label>
     </checkbox-group>
  </view>

  <view class="section">
  <view class="section__title">出发日期</view>
  <picker mode="date" name="date1" value="{{date}}" start="2016-09-01"
      end="2018-09-01" bindchange="bindDateChange">
    <view class="picker">
      {{date}}
    </view>
  </picker>
```

```
</view>

<view class="section">
  <view class="section__title">出发时间</view>
  <picker mode="time" name="time1" value="{{time}}" start="08:00" end="22:00"
      bindchange="bindTimeChange">
    <view class="picker">
      {{time}}
    </view>
  </picker>
</view>

<view class="section">
  <view class="section__title">其他建议</view>
  <textarea name="suggest" style="height:100rpx;" placeholder="建议"
      value="{{suggest}}" />
</view>

<view class="btn-area">
  <button formType="submit" type="primary">提交</button>
  <button formType="reset">重置</button>
</view>
  </form>
</view>
```

这样，就得到如图 6-5 所示的界面。至此，旅行计划调查表单的设计工作全部完成。

表单创建完成之后，前端开发基本就算完成了，这时需要在后端使用 Java、PHP、C#、Python、Node.js 等后端开发语言编写好后端服务接口，用来接收前端表单发送过来的数据，如进行数据项的验证，通过验证的数据进行加工，保存到后端数据库等操作。由于本书着重介绍微信小程序这个前端开发工具的使用，因此这里将不介绍后端的具体代码，只是将获取的数据输出在控制界面即可。

6.7 广告轮播

在图 6-5 所示的调查表单界面中，只有几个组件的外观和一些文字，界面看起来比较呆板。一般在 Web 网站或 APP 中都会在界面中加上一些动态展示的图片，使界面更活泼，同时还可直观地做一些业务广告。

在微信小程序中，可以使用滑块视图容器 swiper 组件来实现广告轮播的效果。

6.7.1 认识 swiper 组件

swiper 组件的名称叫滑块视图容器，首先这是一个容器控件，其中放置的组件会轮换显示。需要注意的是，swiper 容器中只能放置名为 swiper-item 的组件，其他组件会被自动删除。当然，swiper-item 组件中又可以放置其他要显示的组件。也就是说，在 swiper 组件中可以放置多个 swiper-item 组件，然后由 swiper 组件控制这些 swiper-item 组件轮换显示。下面先看下 swiper 组件和 swiper-item 组件的相关属性。

1. swiper 组件

swiper 组件的属性比较多，主要用来控制滑块显示的指示点、是否自动播放、自动切换时间、滑动时间间隔等，具体的属性如下。

- indicator-dots：设置是否在界面中显示面板指示点，默认值为 false 表示不显示。
- autoplay：设置是否自动切换 swiper-item，默认值为 false 表示不自动切换。
- current：当前所在页面（一个 swiper-item 为一个页面）的序号，默认为 0，表示显示第 1 个页面。
- interval：设置自动切换页面的时间间隔，默认值为 5000，即 5 秒。
- duration：设置页面滑动动画时长，默认为 1000，即 1 秒。
- bindchange：current 属性的值改变（即切换页面）时会触发 change 事件，事件对象中包含 current 的值。

2. swiper–item 组件

swiper-item 组件作为 swiper 的子组件。其实，swiper-item 组件也是一个容器组件，可以在其中放置其他组件（如 image 组件），这样，就可以通过 swiper 组件滑动显示各种不同的内容了。

swiper-item 组件的宽度、高度自动设置为 100%。

6.7.2 swiper 组件案例

前面列出了 swiper 组件的属性，接下来用一个案例来演示该组件的具体使用方法和效果。

1. 案例效果

本例最终效果如图 6-16 所示，上方用一个 swiper 组件显示 3 张图片，通过 swiper 组件控制 3 张图片的切换。中间有 3 个按钮，其中"指示点"按钮用来控制是否显示

swiper 的指示点，如果要显示指示点，"垂直指示点"按钮将指示点切换到右侧并垂直显示，同时按钮文字将显示为"水平指示点"以便将指示点切换到水平方向显示，"自动播放"按钮控制 swiper 是否自动播放。最下方有 2 个 slider 组件，用来设置 swiper 组件自动播放时的页面切换时间间隔和滑动动画时长。

要完成图 6-16 所示的案例，首先需要准备 3 张图片，这些图片既可以是引用互联网中可访问的图片，也可以在本项目中创建目录，然后将图片放在本项目相应目录中。在本案例中，采用后一种方法，在当前项目目录中创建一个名为 images 的子目录，然后将 3 种图片放置到该目录中，目录结构如图 6-17 所示。

图 6-16　广告轮播案例效果

图 6-17　创建的 images 子目录

2. 编写视图层代码

准备好图片资源之后，就可以开始准备编写代码了。在 pages 中创建名为 swiper 的子目录，然后在该子目录中创建对应的页面文件，接着编写 swiper.wxml 文件的代码如下：

```
<view class="page">
  <view class="page__hd">
    <text class="page__title">swiper 组件</text>
  </view>

  <view class="page__bd">
    <view class="section section_gap swiper">
      <swiper indicator-dots="{{indicatorDots}}" vertical="{{vertical}}"
        autoplay="{{autoplay}}" interval="{{interval}}"
```

```
      duration="{{duration}}">
      <block wx:for="{{background}}">
        <swiper-item>
          <image src="{{item}}"  />
        </swiper-item>
      </block>
    </swiper>
  </view>

  <view class="btn-area">
    <button type="default" bindtap="changeIndicatorDots">指示点</button>
    <button type="default" bindtap="changeVertical">
      {{vertical?'水平指示点':'垂直指示点'}}</button>
    <button type="default" bindtap="changeAutoplay">自动播放</button>
  </view>

  <slider bindchange="durationChange" value="{{duration}}"
      show-value min="500" max="2000"/>
  <view class="section__title">页面切换间隔</view>
  <slider bindchange="intervalChange" value="{{interval}}"
      show-value min="2000" max="10000"/>
  <view class="section__title">滑动动画时长</view>
  </view>
</view>
```

在上面的代码中，共分 4 大部分（代码中用空行进行了分隔）。

第 1 部分是显示标题的区域。

第 2 部分这是案例的主要部分，使用 swiper 组件作为容器，并设置了相关的属性，这些属性并不是写死的，而是和逻辑层的数据进行绑定，方便下面的控制。在 swiper 组件中使用了 block 标签循环渲染列表，得到多个 swiper-item 组件，每个 swiper-item 组件中包含一个 Image 组件，用来显示一张图片。

第 3 部分是按钮区域，定义了 3 个按钮，并为这 3 个按钮分别绑定了事件处理函数。第 2 个按钮绑定显示的文字根据 vertical 的值而变化。

第 4 部分是控制 swiper 组件自动播放时的时间间隔，用 2 个 slider 组件来进行这项操作，绑定了相关的事件处理函数。

3. 编写逻辑层代码

在视图层的代码中，绑定了很多控制 swiper 组件属性的变量，这些变量需要在逻辑层中对数据进行初始化，并编写相应的事件处理函数，具体代码如下：

```
Page({
  data: {
    background: [              //循环显示的图片
      '../../images/1.png',
      '../../images/2.png',
      '../../images/3.png'
    ],
    indicatorDots: true,       //是否显示指标点
    vertical: false,           //是否垂直显示指标点
    autoplay: false,           //是否自动播放
    interval: 3000,            //页面切换时间间隔
    duration: 1200             //滑动动画时长
  },
  //设置是否显示指标点
  changeIndicatorDots: function (e) {
    this.setData({
      indicatorDots: !this.data.indicatorDots
    })
  },
  //设置水平/垂直显示指示点
  changeVertical: function (e) {
    this.setData({
      vertical: !this.data.vertical
    })
  },
  //设置是否自动播放
  changeAutoplay: function (e) {
    this.setData({
      autoplay: !this.data.autoplay
    })
  },
  //设置页面切换时间间隔
  intervalChange: function (e) {
    this.setData({
      interval: e.detail.value
    })
  },
  //设置滑动动画时长
  durationChange: function (e) {
    this.setData({
      duration: e.detail.value
    })
  }
})
```

以上代码添加了相应的注释,各代码的含义参考注释即可看明白,这里就不再描述了。

6.7.3 测试案例

编写好以上代码之后,就可进行测试了。进入测试界面,首先可看到如图 6-16 所示的效果。

由于默认状态自动播放为 false,即不是自动播放状态,这时,可滑动指示条显示其他页面的内容,切换的过程如图 6-18 所示,这时前一个页面向左移动,进入的页面也向左移动,在图中可看到左边 20%左右的位置显示的是前一页面的图片,右侧大部分区域显示的是将要显示页面的图片。

单击中间的"垂直指示点"按钮,可以看到按钮显示的文字切成了"水平指示点"(如图 6-19 所示),同时原来显示在水平方向的指示点也放在了图片右侧。这时页面的切换也将从原来的从右向左方式转换为从下向上的方式。

图 6-18 切换页面

图 6-19 垂直指示点

类似地,单击"指示点"按钮,可将显示在图片上的指示点隐藏起来,再次单击"指示点"按钮又显示出来。单击"自动播放"按钮,页面将进入自动切换状态,然后拖动下方的 slider 组件可设置自动切换的时间间隔以及切换动画的时长,这些就由读者实际测试查看运行效果了。

有了这个广告轮播的案例,读者应该可以参照本例将这个广告轮播效果添加到本章的旅行计划调查表单中,这个作为作业由读者去完成。

第 7 章 微信小程序的交互反馈

在一个应用程序（包括桌面应用、手机 APP 等）中，当用户进行操作时，通常应该有一些提示信息，以达到良好的交互反馈。例如，在从后台加载数据时，需要使用一定的时间，界面处于不可操作状态，这时，如果没有任何提示，用户就会以为系统出问题没反应了，如果在这种情况下显示一个"正在加载"的提示和图标，用户就会知道系统还在工作。

在微信小程序中提供了这些交互反馈的功能。早期是以组件的形式出现的，在微信 6.3.30 版本以后组件将逐步被 API 取代。本章演示这两种方式的使用。

7.1 等待提示

当 APP 从后台加载数据时，在加载过程中给用户弹出一个加载提示，如图 7-1 所示，当加载页面时需要占用一定的时间，这时就显示一个"加载中..."的提示，同时中间的图标呈现为一个滚动的动画。这样，用户就会知道需要等待一会儿。

其实，不仅是加载时需要这样的提示，在向后台服务提交数据时（或者其他需要用户等待的操作），都可以显示这样一个提示信息。

在微信小程序中，提供了一个名为 loading 的组件，可实现图 7-1 所示效果。在新版微信中还提供了一个名

图 7-1 加载提示

为 wx.showToast 的 API 来实现这种效果，建议新编写的小程序都使用 API 这种方式。

7.1.1 认识 loading 组件

loading 组件可以显示如图 7-1 中的 "加载中..." 提示信息及动画图标的一个组件，这个组件主要的就是一个属性 hidden，通过这个属性来控制组件的显示与否。一般将一个变量绑定在这个属性上，在 JavaScript 中根据情况设置绑定变量的值，就可控制 loading 组件的显示或隐藏了。另外，loading 组件也可设置 bindtap 属性来响应单击触按事件。

下面通过一个小实例来演示 loading 组件的使用。

（1）创建一个名为 loading 的子目录，并在子目录下创建好页面的相应文件。

（2）在 loading.wxml 文件中编写以下代码：

```
<view class="page">
  <view class="page__hd">
    <text class="page__title">loading 加载提示</text>
  </view>
  <view class="page__bd">
    <view class="btn-area">
      <view class="body-view">
        <loading hidden="{{hidden}}" bindtap="loadingtap">
          加载中，单击退出...
        </loading>
        <button type="default" bindtap="loadingTap1">事件 loading</button>
      </view>
      <view class="body-view">
        <loading hidden="{{hidden2}}" >
          {{time}}秒后退出...
        </loading>
        <button type="default" bindtap="loadingTap2">定时 loading</button>
      </view>
    </view>
  </view>
</view>
```

在这段代码中，使用了 2 次 loading 组件，即在界面中添加了 2 个 loading 组件，这两个组件显示与否受 hidden 属性中的变量控制。在每个 loading 组件下方还添加了一个按钮，用来控制对应的 loading 组件的显示（在按钮的事件代码中控制）。

（3）接着编写事件处理代码，打开 loading.js 文件，编写代码如下：

```
Page({
  data: {
    hidden: true,            //控制第 1 个 loading 组件的隐藏
    hidden2:true,            //控制第 2 个 loading 组件的隐藏
    time:5                   //延时控制变量
  },
  //页面加载完成
  onLoad:function(options){
    var self = this;
    //定时器（每秒执行1次）
    setInterval(function(){
      var h2 = self.data.hidden2;    //获取第 2 个 loading 组件的隐藏状态
      var t=self.data.time;          //获取延时值
      if(!h2){                       //如果第 2 个 loading 组件显示
        t=t-1;                       //减少 1 秒
        if(t>0){
          self.setData({             //更新数据
            time:t
          })
        }
      }
    },1000);
  },
  //第 1 个 loading 组件的单击事件
  loadingtap: function() {
    this.setData({
      hidden: true               //设置第 1 个 loading 组件的隐藏状态为 true
    })
  },
  //loading 按钮的事件处理函数
  loadingTap1:function(){
    this.setData({
      hidden: false              //设置第 1 个 loading 组件的隐藏状态为 false
    })
  },
  //定时 loading 按钮的事件处理函数
  loadingTap2: function () {
    this.setData({
      hidden2: false,            //设置第 2 个 loading 组件的隐藏状态为 false
      time:5                     //初始化延时值
    })

    var self = this
```

```
  //定时器（5秒后执行）
  setTimeout(function() {
    self.setData({
      hidden2: true          //设置第2个loading组件的隐藏状态为true
    })
  }, 5000)
 }
})
```

代码的具体含义参见代码中的注释。

（4）编写好代码之后，查看调试结果。进入调试界面首先看到如图7-2所示的界面，显示了2个按钮，单击"事件loading"按钮，将显示如图7-3所示的loading动画图标提示，并且该提示信息将一直显示，直到单击图标才会隐藏，这是因为只有单击图标才会设置hidden变量为true，这样，提示才会隐藏（参见代码中的相关设置）。接着，单击"定时loading"按钮，首先将显示图7-4左图所示的"5秒后退出"的提示图标，随后逐步变化为"4秒后退出"（如右图所示），随着时间的变化，这个提示信息也逐步变化，当显示到5秒后，提示信息自动消失。

图7-2　loading组件案例

图7-3　显示loading图标

图 7-4 显示延时信息

7.1.2 修改旅行计划调查表单

了解 loading 组件的使用方法之后，就可对第 6 章制作的旅行计划调查表单进行改进：

- 在载入表单时，由于网速的原因，可能会导致页面加载及加载后台数据需要一段时间，这时可显示一个正在加载的提示信息。
- 在提交表单时，需要向后台服务器提交数据，这时显示一个正在保存（或正在提交）的提示信息。

将第 6 章的 travel 子目录复制到本章项目的 pages 目录下，然后修改以上提出的 2 项内容。

（1）在 travel.wxml 文件的末尾增加以下代码：

```
<loading hidden="{{hidden}}" >
    加载中...
</loading>
<loading hidden="{{hidden2}}">
    提交数据...
</loading>
```

代码很简单，只是向页面增加 2 个 loading 组件，并设置每个组件 hidden 属性绑定的变量即可。

（2）在 travel.js 中增加以下代码：

```
Page({
 data:{
   hidden: false,   //页面加载
   hidden2:true    //提交数据
 },
 onShow:function(){
   // 页面显示
   var self = this;
   setTimeout(function(){
     self.setData({
       hidden:true
     })
   },1000);
 },
 formSubmit: function(e) {
   this.setData({
      hidden2:false
   })

   var self = this;
   setTimeout(function(){
     self.setData({
       hidden2:true
     })
   },2000);

   console.log('提交表单');
   console.log(e.detail.value)
 }……
})
```

以上代码中，首先在 data 部分增加了 hidden 和 hidden2 这 2 个变量，用来控制 2 个 loading 组件的显示，其中 hidden 的初始值为 false，即第 1 个 loading 组件在页面加载后马上显示（这是正在加载页面的提示信息），而 hidden2 的初始值为 true，表示第 2 个 loading 组件最初是隐藏的，直到 hidden2 被修改为 false 时才会显示出来。

在页面显示的事件处理函数 onShow 中，使用 setTimeout 设置了一个定时器，设置 1 秒后将 hidden 的值改为 true（即隐藏第 1 个 loading 组件）。这段代码模拟了加载页面使用了 1 秒的时间（因为在本机加载页面很快，不进行延时，直接设置 hidden 为 true 的话，第 1 个 loading 组件将显示不出来）。实际应用中，可在页面从后台加

载数据完成后设置 hidden 为 true。

在表单提交的事件处理函数 formSubmit 中，首先将 hidden2 设置为 false，将第 2 个 loading 组件显示出来，然后同样使用了定时器模拟提交表单用了 2 秒时间，2 秒后再将 hidden2 设置为 true，将第 2 个 loading 组件隐藏。

（3）修改好以上代码之后，进入调试界面，首先可看到如图 7-1 所示的加载提示，1 秒后提示自动消失。当按"提交"按钮之后，将显示如图 7-5 所示的"提交数据"提示信息，2 秒后自动消失。

图 7-5　显示提交数据提示信息

7.2　用 toast 显示提示信息

使用 loading 组件显示的提示信息中有一个动画图标，在有的情况下，这个动画图标就显得不合时宜，这时可考虑使用 toast 组件来显示这类提示信息。

与 loading 组件不同，toast 组件多了 2 个属性可进行更多的设置。例如，在 loading 组件中，通过计时器来设置 loading 组件显示的时间，在 toast 组件中，可通过 duration 属性设置组件显示的时间，这样就不用在 JavaScript 中使用计时器来控制了。

toast 组件有以下 3 个属性。

- hidden：设置组件是否隐藏，默认值为 false（即不隐藏）。
- duration：当 hidden 设置为 false 后，触发 bindchange 事件的延时，单位为毫秒，默认值为 1500，即将组件显示出来后，在 1.5 秒后触发 bindchange 事件。
- bindchange：设置 duration 延时后触发的事件函数。

注意，设置的 duration 属性并不是延时后自动关闭 toast 组件，而是延时后触发 bindchange 中设置的事件处理函数，在事件处理函数中可进行各种操作（包括设置 toast 组件的 hidden 属性为 true，隐藏组件）。

下面还是用一个小案例来演示 toast 组件的使用方法。

（1）创建一个名为 toast 的子目录，并在子目录中创建相应的页面文件。

（2）在 toast.wxml 文件中输入以下代码：

```
<view class="page">
```

```
<view class="page__hd">
  <text class="page__title">toast 提示</text>
</view>
<view class="page__bd">
  <view class="btn-area">
    <view class="body-view">
      <toast hidden="{{hidden}}" bindchange="toast1Change">
        默认提示信息，1.5 秒后关闭
      </toast>
      <button type="default" bindtap="toast1Tap">默认 toast</button>
    </view>
    <view class="body-view">
      <toast hidden="{{hidden2}}" duration="5000" bindchange="toast2Change">
        提示信息，5 秒后关闭
      </toast>
      <button type="default" bindtap="toast2Tap">3 秒关闭 toast</button>
    </view>
  </view>
</view>
```

在上面代码，设置了 2 个 toast 组件，并添加了 2 个按钮用来控制 toast 组件的显示。

（3）在 toast.js 中编写代码，具体如下：

```
Page({
  data:{
    hidden:true,    //第 1 个 toast 组件的隐藏状态
    hidden2:true    //第 2 个 toast 组件的隐藏状态
  },
  //第 1 个 toast 组件的 change 事件
  toast1Change:function(){
    this.setData({
      hidden:true    //隐藏第 1 个 toast 组件
    });
    console.log("第 1 个 toast 组件的 change 事件，这里可进行其他操作")
  },
  //第 2 个 toast 组件的 change 事件
  toast2Change:function(){
    this.setData({
      hidden2:true   //隐藏第 2 个 toast 组件
    });
    console.log("第 2 个 toast 组件的 change 事件，这里可进行其他操作")
```

```
    },
    //第1个按钮的单击事件
    toast1Tap:function(){
      this.setData({
        hidden:false   //显示第1个toast组件
      })
    },
    //第2个按钮的单击事件
    toast2Tap:function(){
      this.setData({
        hidden2:false  //显示第2个toast组件
      })
    }
})
```

代码中的注释说明了相关的含义,就不再介绍了。

(4)在调试界面中进行测试,首先显示如图 7-6 左图的初始界面,单击"默认 toast",将显示如右图所示的提示信息,1.5 秒之后提示信息关闭,同时在控制台界面中将输入一段文字"第 1 个 toast 组件的 change 事件,这里可进行其他操作",也就是说,在 toast1Change 事件处理函数的控制台日志输出语句处可以编写其他需要处理的代码。

图 7-6　toast 组件初始界面

7.3 使用新版 API 显示提示

在微信 6.3.30 版以上，loading 组件和 toast 组件将逐渐被废弃，显示提示信息将使用新提供的 API 来完成。

7.3.1 接口函数 wx.showToast

使用 wx.showToast 可完成 loading 组件和 toast 组件的相应功能，用来显示消息提示框，该接口函数接收一个 Object 的参数，Ojbect 通过以下属性来设置提示框。

- title：这是必须设置的属性，是要显示的提示内容。
- icon：用来设置显示在提示框中的图标，只支持"success"、"loading"这两个值之一。
- duration：用来设置提示框的延迟时间，单位毫秒，默认值为 1500，最大可设为 10000。
- success：这是一个回调函数，接口调用成功后将执行这里设置的回调函数。
- fail：这是一个回调函数，接口调用失败后将执行这里设置的回调函数。
- complete：这是一个回调函数，接口调用结束后将执行这里的回调函数（调用成功、失败都会执行）。

需要注意的是，3 个回调函数的执行时机是在 wx.showToast 函数执行成功、失败、完毕之后马上执行，并不是等到 duration 延时之后才执行。

7.3.2 显示 loading 提示信息

调用 wx.showToast 时，将 icon 设置为"loading"可显示 loading 提示信息，下面以一个小案例演示用 wx.showToast 显示 loading 形式的提示信息。

（1）在项目中新建子目录 showtoast，并在该子目录中创建相应的页面文件。

（2）在 showtoast.wxml 文件中输入以下代码：

```
<view class="page">
  <view class="page__hd">
    <text class="page__title">showtoast 提示</text>
  </view>
  <view class="page__bd">
    <view class="btn-area">
      <button type="default" bindtap="showtoast1Tap">默认 loading</button>
```

```
        <button type="default" bindtap="showtoast2Tap">5 秒关闭
loading</button>
      </view>
   </view>
</view>
```

与本章前面使用 loading 组件的 wxml 代码相比,这里只设置了 2 个按钮,不需要设置 loading 组件的代码,因此 wxml 中的代码比较短。

(3)接着编写 showtoast.js 文件,在其中输入以下代码:

```
Page({
  //第 1 个按钮的单击事件
  showtoast1Tap:function(){
    wx.showToast({
      title:"默认 1.5 秒关闭的 loading 消息提示框",
      icon:"loading",
      success:function(){
        console.log("success 回调,可在这里编写其他代码");
      },
      complete:function(){
        console.log("complete 回调,可在这里编写其他代码");
      }
    });
  },
  //第 2 个按钮的单击事件
  showtoast2Tap:function(){
    wx.showToast({
      title:"5 秒关闭的 loading 消息提示框",
      icon:"loading",
      duration:5000
    });
  }
})
```

与本章前面使用 loading 组件的 js 代码相比,这里的代码也很简短。

进入调试界面,首先将显示如图 7-7 所示的启动界面,其中显示了 2 个按钮,单击"默认 loading"按钮,将显示一个弹出提示信息框,如图 7-8 所示,在弹出提示信息框的同时,在控制界面中将输入 success、complete 回调函数的输出内容。

可以看出,与 loading 组件相比,使用 wx.showToast 可使代码更简洁,并且具有属性 duration 可设置延时时长,还可设置回调函数。

第 7 章 微信小程序的交互反馈

图 7-7 showtoast 组件初始界面

图 7-8 输出界面

7.3.3 显示 toast 提示信息

调用 wx.showToast 时，将 icon 设置为 "success" 可显示 toast 提示信息，继续修改前一个案例，演示用 wx.showToast 显示 toast 形式的提示信息。

（1）在 showtoast.wxml 中再增加 2 个按钮，具体代码如下：

```
<view class="btn-area" style="margin-top:80rpx;">
  <button type="default" bindtap="showtoast3Tap">默认 toast</button>
  <button type="default" bindtap="showtoast4Tap">5 秒关闭 toast</button>
</view>
```

在紧接着显示 loading 的按钮下方增加了 2 个按钮，为了使 2 个按钮组之间有区分，使用内联样式增加了上边距。

（2）接着修改 showtoast.js 文件，具体代码如下：

```
Page({
  ......
  //第 3 个按钮的单击事件
  showtoast3Tap:function(){
    wx.showToast({
      title:"默认 1.5 秒关闭的 toast 消息提示框",
      icon:"success"
    });
```

```
  },
  //第 4 个按钮的单击事件
  showtoast4Tap:function(){
    wx.showToast({
      title:"5 秒关闭的 toast 消息提示框",
      icon:"success",
      duration:5000
    });
  }
})
```

可以看出，只是将前 2 个按钮的代码复制下来，修改 title 和 icon 的值即可（回调函数的用法与前面按钮的相同，这里没有列出来了）。

（3）在调试界面下，单击""按钮，可看到如图 7-9 所示的 toast 提示信息框。

通过使用 wx.showToast 显示 loading 和 toast 类型提示信息的示例可看出，在 wxml 文件的界面设计中可以不用添加任何 wxml 代码，在需要显示提示信息框时，在 JavaScript 代码中直接调用 wx.showToast 即可。因此，使用 wx.showToast 比使用 loading 组件和 toast 组件要方便不少，可使程序更加简洁。

图 7-9 toast 提示信息框

7.4 用 modal 组件显示弹出框

无论是使用 loading 组件、toast 组件，还是使用 wx.showToast 接口来显示提示信息，对用户来说都只是被动地接受系统的一个提示消息而已。在这个过程中，用户只是从提示信息中了解系统的进程，没有改动系统执行流程的功能。

而实际应用中，很多时候，系统弹出的提示信息希望得到用户的反馈，从而决定系统下一步要执行的操作。例如，在提交表单时，如果表单中的数据有不符合逻辑的数据出现，系统可弹出提示信息给用户，然后让用户选择下一步怎么做（如放弃或修改）。这时，可使用微信小程序提供的弹出框 modal 组件来处理相关功能需求。

7.4.1 认识 modal 组件

使用 modal 组件可弹出如图 7-10 所示的模式对话框，在这个对话框中，用户可通过单击"确定"或"取消"按钮来决定应用的执行流程，如图 7-10 所示，从逻辑上来说，单击"确定"按钮就退出应用，单击"取消"按钮则回到应用。

在微信小程序的 modal 组件对话框中，对两个按钮可分别设置，另外在对话框中还可以控制对话框的标题、显示的内容。因此，modal 组件具有较多的属性。

图 7-10　模式弹出框

modal 组件的常用属性如下。

- title：设置对话框的标题。
- hidden：设置对话框是否隐藏，默认值为 false。
- no-cancel：设置是否隐藏 cancel（取消）按钮，默认为 false，即要显示取消按钮。
- confirm-text：设置 confirm（确定）按钮的文字，默认为"确定"。
- cancel-text：设置 cancel（取消）按钮的文字，默认为"取消"。
- bindconfig：设置单击 confirm（确定）按钮时执行的回调函数。
- bindcancel：设置单击 cancel（取消）按钮以及屏蔽层时执行的回调函数。

以上有 5 个属性可设置对话框的各组成部件，而 2 个事件绑定的回调函数则用来处理单击 2 个按钮时的业务。另外，从图 7-10 可看出，当弹出对话框后，对话框后面将添加一个屏蔽层，如果单击屏蔽层，就相当于单击 cancel（取消）按钮，即使隐藏了 cancel 按钮，仍然会触发事件执行回调函数。

下面编写代码来实现图 7-10 所示的弹出框效果，具体步骤如下：

（1）在项目中创建名为 modal 的子目录，并在子目录中创建相应的页面文件。

（2）在 modal.wxml 文件中输入以下代码：

```
<view class="page">
  <view class="page__hd">
    <text class="page__title">modal 模式对话框</text>
  </view>
```

```xml
<view class="page__bd">
  <modal title="退出应用" hidden="{{modalHidden}}" bindconfirm="modalConfirm"
    bindcancel="modalCancel">
    您是否真的要退出应用?
  </modal>

  <view class="btn-area">
    <button type="default" bindtap="modalTap">退出应用</button>
  </view>
</view>
```

(3) 在 modal.js 中编写代码如下:

```
Page({
  data: {
    modalHidden: true   //对话框隐藏标志
  },
  //按钮单击事件
  modalTap: function(e) {
    this.setData({
      modalHidden: false   //显示弹出框
    })
  },
  //弹出框的确认按钮事件
  modalConfirm: function(e) {
    this.setData({
      modalHidden: true   //隐藏弹出框
    }),
    console.log(e);
  },
  //弹出框的取消按钮事件
  modalCancel: function(e) {
    this.setData({
      modalHidden: true   //隐藏弹出框
    }),
    console.log(e);
  }
})
```

在上面的代码中,当单击按钮"退出应用"是调用 modalTap 函数,设置 modalHidden 的值为 false 显示对话框,如图 7-10 所示。当用户单击"确定"按钮后调用 modalConfirm 函数,在这个函数中应编写退出应用的相应代码,作为演示,这里并没有退出的操作,只是将对话框隐藏,然后输出事件处理对象 e 的值,这里设置

modalHidden 为 true 隐藏对话框，并输出参数 e 的值。当用户单击"取消"按钮后，隐藏对话框，返回界面即可，这里编写代码输出参数 e。如图 7-11 所示，就是单击"确定"、"取消"之后在控制面板中输出的 e 的值。

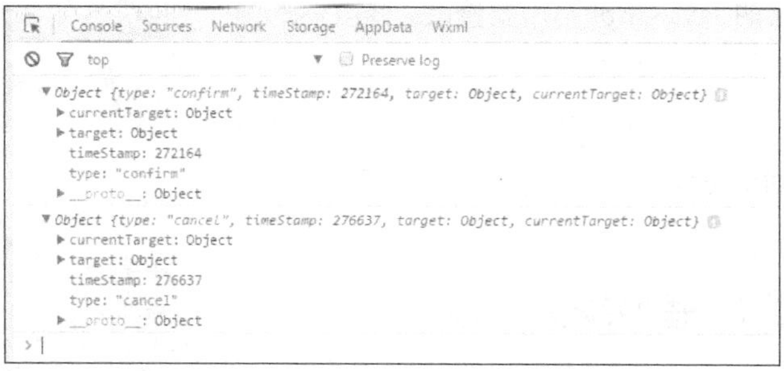

图 7-11 两个按钮的事件处理对象

从图 7-11 所示的输出结果可看到，通过 type 属性为"confirm"或"cancel"可知道用户是单击了确定按钮还是取消按钮。因此，上面的代码可将 modalConfirm 回调函数和 modalCancel 回调数合并为一个函数，并判断 e.type 即可知道用户单击了哪个按钮。

7.4.2 修改弹出框

图 7-10 所示的弹出框，其实可以不需要标题，并且由于是一个提问式的弹出框，"确定"和"取消"按钮显示的文字改为"是"和"否"更贴切一点。因此，可修改 modal.wxml 文件，修改后的代码如下：

```
<view class="page">
  <view class="page__hd">
    <text class="page__title">modal 模式对话框</text>
  </view>
  <view class="page__bd">
    <modal confirm-text="是" cancel-text="否" hidden="{{modalHidden}}"
      bindconfirm="modalConfirm" bindcancel="modalCancel">
      您是否真的要退出应用？
    </modal>

    <view class="btn-area">
      <button type="default" bindtap="modalTap">退出应用</button>
    </view>
  </view>
</view>
```

在以上代码中，修改的部分加粗显示，可以看出，删除了 title 属性的设置，增加了 confirm-text 和 cancel-text 这两个属性。由于只是需要修改视图层的表现形式，逻辑层的 JavaScript 不需要修改。修改后的弹出框运行效果如图 7-12 所示。

从图 7-12 可看出，这个弹出框没有了标题，同时下方的两个按钮的文字改为了"否"和"是"。

7.4.3 在弹出框中输入内容

其实，除了修改弹出框的标题、显示文本、按钮文本之外，弹出框中显示的内容还可以设置为一些控件，如接收用户的输入，使用表单控件让用户输入信息等。下面在前一示例的基础上继续修改代码，演示在弹出框中接收用户输入。该例子在弹出框中让用户输入姓名并选择一个日期。

图 7-12 修改弹出框

（1）在 modal.wxml 文件中增加一个按钮，用来控制弹出框，然后再增加一个 modal 组件，在其中添加让用户输入内容的组件，具体代码如下：

```
<view class="page">
  <view class="page__hd">
    <text class="page__title">modal 模式对话框</text>
  </view>
  <view class="page__bd">
    <modal confirm-text="是" cancel-text="否" hidden="{{modalHidden}}"
     bindconfirm="modalConfirm" bindcancel="modalCancel">
      您是否真的要退出应用？
    </modal>

    <modal title="请选择" hidden="{{modalHidden2}}" no-cancel
     bindconfirm="modalChange2" bindcancel="modalChange2">
      <view class="section">
        <view class="section__title">请输入姓名</view>
        <input placeholder="姓名" />
      </view>
      <view class="section">
        <view class="section__title">想去的国家</view>
        <checkbox-group name="region">
```

```
      <label class="checkbox" wx:for="{{regions}}">
        <checkbox value="{{item.name}}" checked="{{item.checked}}"/>
            {{item.value}}
      </label>
    </checkbox-group>
  </view>

  <view class="section">
    <view class="section__title">出发日期</view>
    <picker mode="date" name="date1" value="{{date}}" start="2016-09-01"
        end="2018-09-01" bindchange="bindDateChange">
      <view class="picker">
        {{date}}
      </view>
    </picker>
  </view>
</modal>

<view class="btn-area">
  <button type="default" bindtap="modalTap">退出应用</button>
  <button type="default" bindtap="modalTap2">可接收用户输入的对话框</button>
</view>
  </view>
</view>
```

（2）修改 modal.js 文件，增加控制第 2 个 modal 组件显示或隐藏的变量，并初始化组件显示的数据，具体代码如下：

```
Page({
  data: {
    modalHidden: true,  //对话框 1 隐藏标志
    modalHidden2: true,   //对话框 2 隐藏标志
    regions:[
      {name: 'CHN', value: '中国', checked: 'true'},
      {name: 'USA', value: '美国'},
      {name: 'BRA', value: '巴西'},
      {name: 'ENG', value: '英国'},
      {name: 'TUR', value: '法国'},
    ],
    date:'2016-11-1',
  },
  //按钮 1 单击事件
  modalTap: function(e) {
    this.setData({
```

```
      modalHidden: false   //显示弹出框1
    })
  },
  //弹出框1的确认按钮事件
  modalConfirm: function(e) {
    this.setData({
      modalHidden: true   //隐藏弹出框1
    }),
    console.log(e);
  },
  //弹出框1的取消按钮事件
  modalCancel: function(e) {
    this.setData({
      modalHidden: true   //隐藏弹出框1
    }),
    console.log(e);
  },
  //按钮2单击事件
  modalTap2: function(e) {
    this.setData({
      modalHidden2: false   //显示弹出框2
    })
  },
  //弹出框2的change事件
  modalChange2: function(e) {
    this.setData({
      modalHidden2: true   //隐藏弹出框2
    })
    console.log(e);
  },
  //选择日期
  bindDateChange:function(e){
    console.log(e.detail.value);
    this.setData({
      date:e.detail.value
    })
  }
})
```

以上代码的功能比较简单，结合第6章的相关例子就可以明白其含义，这里不再逐步介绍。这个例子主要演示modal组件不只是简单弹了一个提示信息，而是可以做出很复杂的功能，包括这里演示的使用表单组件接收用户输入数据。进入调试界面，单击"接收用户输入的对话框"按钮，可看到如图7-13所示的对话框。

第 7 章 微信小程序的交互反馈

图 7-13 可接收用户输入的对话框

在图 7-13 所示的对话框中，可使用 Input 组件输入文本，使用 checkbox-group 显示复选框，使用 picker 显示日期选择器。最下方的按钮只显示了一个"确定"按钮，这是因为在定义 modal 时设置了 no-cancel 属性。虽然没有显示"取消"按钮，但用户单击屏蔽层仍然相当于单击了"取消"按钮。在单击"确定"按钮之后，可使用前面章节介绍的方法获取用户在对话框中输入的内容。

7.5 使用新版 API 显示弹出框

在新版微信中，modal 组件也将逐渐被废弃，取而代之的是一个叫 wx.showModal 的接口函数。该接口函数的参数为一个 Object 对象，通过对象的属性对弹出框进行控制，常用的属性如下所示。

- title：设置提示的标题，这项必须要有，如果不显示标题，可将其设置为空字符串。
- content：设置提示的内容，这也是必须设置的属性。
- showCancel：设置是否显示取消按钮，默认为 true。
- cancelText：设置取消按钮上显示的文字，默认为"取消"。
- cancelColor：设置取消按钮的文字颜色，默认为"#000000"。
- confirmText：设置确定按钮上显示的文字，默认为"确定"。
- confirmColor：设置确定按钮的文字颜色，默认为"#3CC51F"。

- success：接口调用成功的回调函数，返回 res.confirm==1 时，表示用户点击确定按钮。
- fail：接口调用失败的回调函数。
- complete：接口调用结束的回调函数（调用成功、失败都会执行）。

使用 wx.showModal 显示一个弹出框的操作比较简单，不需要在 wxml 文件中添加内容，只需要在 JavaScript 文件中编写代码调用 wx.showModal 函数即可。

例如，在上面的例子中，在页面下方添加一个名为"用 API 显示对话框"的按钮，单击该按钮调用 wx.showModal 函数显示一个对话框，在 modal.js 中编写相应的事件处理函数，代码如下：

```
modalTap3:function(){
  wx.showModal({
    title: '提示',
    content: '这是使用API显示的弹出框',
    success: function(res) {
      if (res.confirm) {
        console.log('用户点击确定')
      }
    }
  })
}
```

在调试界面中，单击"用 API 显示对话框"按钮，可看到如图 7-14 所示的弹出框。

可以看出，用 API 函数 wx.showModal 显示的对话框与 modal 组件的基本相同。只是目前版本的 wx.showModal 函数的 content 属性（设置显示内容）只能显示普通字符串，还无法设置 HTML 代码或嵌入其他小程序组件，因此还不能做出如图 7-13 所示的可接收用户输入的对话框。

图 7-14 用 API 显示对话框

7.6 底部弹出菜单

Android 和 iOS 都提供了一种底部弹出菜单的设计，即在界面中单击某个部分时，在屏幕底部弹出一个列表框供用户进行选择。

微信小程序也提供类似功能的组件，就是 action-sheet 组件。

7.6.1 认识 action-sheet 组件

action-sheet 组件是从底部弹出可选菜单项，action-sheet 有两个子组件，其中一个名为 action-sheet-item 表示每个菜单选项，在一个 action-sheet 组件中可包含多个 action-sheet-item 子组件。另一个子组件名为 action-sheet-cancel 表示取消选项，通常一个 action-sheet 组件中只包含一个 action-sheet-cancel 子组件，并在显示时将其显示在所有可选菜单项的下方，与 action-sheet-item 中间会有间隔，并且点击 action-sheet-cancel 子组件会触发 action-sheet 组件的 change 事件（单击 action-sheet-item 子组件不会触发 action-sheet 组件的 change 事件）。

action-sheet 组件常用的就是 2 个属性。

- hidden：设置组件是否隐藏，默认值为 true。
- bindchange：设置单击屏蔽层或 action-sheet-cancel 子组件时触发 change 事件。

看起来很简单，下面还是用一个实例来演示 action-sheet 组件的使用方法及最终效果。

（1）新建一个名为 action-sheet 的子目录，并在该子目录中新建页面相关文件。

（2）在 action-sheet.wxml 中编写以下代码：

```
<view class="page">
 <view class="page__hd">
  <text class="page__title">action-sheet 底部弹出菜单</text>
 </view>
 <view class="page__bd">
  <view class="section section_gap">
    <button type="default" bindtap="actionSheetTap">弹出底部菜单</button>
    <action-sheet hidden="{{actionSheetHidden}}"
      bindchange="actionSheetChange">
     <block wx:for="{{actionSheetItems}}">
      <action-sheet-item class="item"
         bindtap="bind{{item}}">{{item}}</action-sheet-item>
     </block>
     <action-sheet-cancel class="cancel">取消</action-sheet-cancel>
    </action-sheet>
  </view>
 </view>
</view>
```

在上面代码中，首先为 action-sheet 组件绑定了 change 事件的处理函数

actionSheetChange，当用户单击屏蔽层或单击 action-sheet-cancel 项时，将调用该事件处理函数。

接着在 action-sheet 内部使用 wx:for 将菜单数组中的 4 个菜单项渲染出来，每个菜单项都通过 bindtap 绑定了一个单击事件，事件处理函数的命名规则是使用 bind 开头，后面跟上菜单项的名称，如"菜单 1"的事件处理函数的名为"bind 菜单 1"。

最后，在所有菜单项后面添加一个 action-sheet-cancel 子组件，用来显示"取消"菜单项。

（3）编写 action-sheet.js 中的代码，具体如下：

```
var items = ['菜单1', '菜单2', '菜单3', '菜单4'];  //要显示的菜单项
var pageObject = {
  data: {
    actionSheetHidden: true,  //action-sheet 组件的隐藏状态
    actionSheetItems: items   //菜单数组
  },
  //按钮单击事件
  actionSheetTap: function(e) {
    this.setData({
      actionSheetHidden: false  //显示 action-sheet 组件
    })
  },
  //action-sheet 的 change 事件
  actionSheetChange: function(e) {
    this.setData({
      actionSheetHidden:true   //隐藏 action-sheet 组件
    })
  }
}
//循环生成 4 个菜单项的单击事件
for (var i = 0; i < items.length; ++i) {
  (function(itemName) {
    pageObject['bind' + itemName] = function(e) {
      console.log('click'+ itemName);
      console.log(e);  //在控制台输出单击菜单项的参数
      this.setData({
        actionSheetHidden: true  //隐藏 action-sheet 组件
      })
    }
  })(items[i])
}
```

```
Page(pageObject)            //初始化页面
```

以上代码和本书前面各章中的 JavaScript 代码有所不同，这里先定义一个 pageObject 对象，然后将该对象传入 Page 方法来完成页面初始化。

在以上代码中，首先定义了一个菜单数组 items，然后在 pageObject 对象中添加相应的初始化数据和事件处理代码。由于 4 个菜单项在示例中都进行相同的逻辑处理，因此这里使用了一个闭包生成 4 个内部处理逻辑相同，函数名不同的函数，分别用来响应 4 个菜单项的单击事件。如果初学者觉得不适用，也可将这个闭包函数拆分成以下 4 个事件处理函数：

```
bind菜单1:function(e){
    console.log('click'+ itemName);
    console.log(e);  //在控制台输出单击菜单项的参数
    this.setData({
      actionSheetHidden: true  //隐藏action-sheet组件
    })
  }
},
bind菜单2:function(e){
    console.log('click'+ itemName);
    console.log(e);  //在控制台输出单击菜单项的参数
    this.setData({
      actionSheetHidden: true  //隐藏action-sheet组件
    })
  }
},
bind菜单3:function(e){
    console.log('click'+ itemName);
    console.log(e);  //在控制台输出单击菜单项的参数
    this.setData({
      actionSheetHidden: true  //隐藏action-sheet组件
    })
  }
},
bind菜单4:function(e){
    console.log('click'+ itemName);
    console.log(e);  //在控制台输出单击菜单项的参数
    this.setData({
      actionSheetHidden: true  //隐藏action-sheet组件
    })
  }
}
```

（4）编写好以上代码后，在调试模式下可看到如图 7-15 所示的初始界面，单击"弹出底部菜单"按钮，将在下方显示如图 7-16 所示的底部弹出菜单，单击某一个菜单项，底部弹出菜单将隐藏，并在控制界面中输出相应菜单项的事件处理函数的结果。

图 7-15　action-sheet 示例初始界面

图 7-16　底部弹出菜单

7.6.2　使用新版 API 显示底部菜单

在新版微信中，action-sheet 组件也将逐渐被废弃，取而代之的是一个叫 wx.showActionSheet 的接口函数。该接口函数的参数为一个 Object 对象，通过对象的属性对弹出框进行控制，常用的属性如下所示。

- itemList：这是一个菜单项数组，数组长度最大为 6 个。
- itemColor：菜单项的文字颜色，默认为"#000000"。
- success：接口调用成功的回调函数。
- fail：接口调用失败的回调函数。
- complete：接口调用结束的回调函数（调用成功、失败都会执行）。

在 success 回调函数中将传入一个对象参数，这个对象有 2 个参数，其含义如下。

- cancel：用户是否取消选择，当该值为 true 时表示用户选择"取消"菜单项。
- tapIndex：当用户不是单击"取消"菜单项时，该属性将返回用户点击菜单项的序号，序号按从上到下的顺序，从 0 开始。

接着上面的示例，继续编写代码来使用 API 显示底部菜单，首先修改 action-sheet.wxml 文件，这里的修改很简单，只是添加一个按钮，用来触发显示底部菜单，添加的代码如下：

```
<view class="section section_gap">
    <button type="default" bindtap="actionSheetTap2">使用 API 显示底部菜单
</button>
</view>
```

接着在 action-sheet.js 文件中添加一个响应上面按钮单击的事件处理函数 actionSheetTap2，具体代码如下：

```
actionSheetTap2:function(e){
   wx.showActionSheet({
     itemList: items,
     success: function(res) {
       console.log("success");
       console.log(res);
       if (!res.cancel) {   //用户单击的不是"取消"菜单项
         console.log(res.tapIndex)
       }
     },
     complete:function(e){
       console.log("complete");
       console.log(e);
     }
   })
}
```

上面的代码也很简单，首先 itemList 使用前面已定义的菜单项数组 items，然后在 success 回调函数中编写代码，通过!res.cancel 判断用户不是单击"取消"菜单项，则在控制台输出用户单击菜单项的序号。在实际应用中，可根据这个序号编写不同的业务逻辑代码。

这段代码中，其他的 console.log 用于向控制台输出当前传入的参数。

图 7-17 所示是弹出的底部菜单，右侧控制台中的输出信息是单击"菜单 1"和"取消"后输出的内容，可以看出当单击"菜单 1"时，在 success 回调函数中输出的 tabIndex 为 0，没有 cancel 这个属性。当单击"取消"时，在 success 回调函数中没有 tabIndex 属性，而 cancel 属性的值为 true。

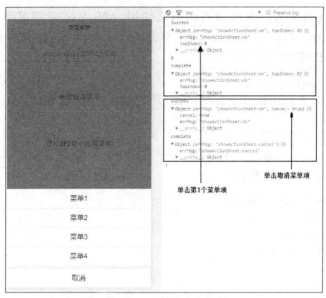

图 7-17　API 弹出底部菜单

使用 wx.showActionSheet 接口函数显示底部菜单时，通过 success 回调函数可获取选择菜单项的序号，这样，就可以编写一个函数来处理不同菜单项的业务功能。这比使用 action-sheet 组件需要为每个菜单项单独编写事件处理函数要方便。

第 8 章

用多媒体展示更多

智能手机现在屏幕大，也可播放音乐，因此智能手机天然对多媒体具有全面的支持。微信小程序也提供了多媒体功能的组件和 API，如本书前面章节中使用的 image 组件可用来展示图片，本章将专题介绍微信小程序的多媒体功能。

8.1 用 audio 组件播放音乐

多媒体展示首先就需要考虑音乐，在页面中加上音乐的播放，可为 APP 增色不少。使用微信小程序提供的 audio 组件及音频组件控制 API 等相关功能。下面先介绍这些组件和 API 函数的功能，然后综合应用这些功能完成点歌 APP 的设计。

8.1.1 认识 audio 组件

通过 audio 组件就可以在微信小程序中播放音乐，该组件的属性比较多，常用的有以下几个。

- id：这是 audio 组件在页面中的唯一标识符。如果 JavaScript 代码需要控制 audio 组件中音乐的播放，则需要设置这个属性；否则，不设置该属性也可。
- src：要播放音频的资源地址。
- loop：设置是否循环播放，默认为 false。
- controls：设置是否显示默认控件，默认为 true。
- poster：设置默认控件上的音频封面的图片资源地址，如果 controls 属性值为 false，则设置 poster 无效。

- name：默认控件上的音频名字，如果 controls 属性值为 false，则设置 name 无效。默认值为"未知音频"。
- author：默认控件上的作者名字，如果 controls 属性值为 false，则设置 author 无效。默认值为"未知作者"。
- binderror：当发生错误时触发 error 事件，detail = {errMsg: MediaError.code}。
- bindplay：当开始/继续播放时触发 play 事件。
- bindpause：当暂停播放时触发 pause 事件。
- bindtimeupdate：当播放进度改变时触发 timeupdate 事件，detail = {currentTime, duration}。
- bindended：当播放到末尾时触发 ended 事件。

下面首先使用 audio 组件编写一个播放音乐的示例，具体代码如下：

（1）在项目目录中创建一个名为 audio 的子目录，然后在子目录中创建相应的页面文件。

（2）在 audio.wxml 文件中输入以下代码，在页面中增加一个 audio 组件，并给该组件各属性绑定初始化数据中的内容。

```
<view class="page">
 <view class="page__hd">
  <text class="page__title">audio 音频</text>
 </view>
 <view class="page__bd">
  <view class="section section_gap" style="text-align: center;">
    <audio id="audio1" src="{{current.src}}" poster="{{current.poster}}"
      name="{{current.name}}"  author="{{current.author}}"
      action="{{audioAction}}" controls></audio>
  </view>
 </view>
</view>
```

（3）在 audio.js 文件中编写以下代码：

```
Page({
 data: {
  current: {
   poster:'http://r1.ykimg.com/050E0000576B75F667BC3C136B06E4E7',
   name: '青云志主题曲《浮诛》',
   author: '张杰',
   src:'http://sc1.111ttt.com/2016/1/09/28/202280605509.mp3'
  },
```

```
    audioAction: {
      method: 'pause'
    }
  }
})
```

上面代码中,数据初始化分 2 部分进行定义。首先是 current,其中定义了音乐的图片、名称、作者、音频地址,这几个属性绑定在 wxml 文件 audio 组件中的对应属性上。而 audioAction 对象只设置了 method 属性,并绑定到 audio 的 action 属性上,初始设置为暂停状态,即打开页面时音乐并不会播放,如果设置为 play,则打开页面时音乐将自动播放。

(4)编写好以上代码后,进入调试界面,可看到如图 8-1 所示的界面。

从图 8-1 可看到,audio 组件显示为一个长方形区域,其中左侧显示的是一张图片,图片上重叠着一个播放按钮,右侧显示音乐名称、作者,右上方显示当前播放的时间,初始值为 00:00 表示 00 分 00 秒,即还未播放。单击图片上重叠的播放按钮,程序开始连网请求音乐文件,然后开始播放,同时右侧的播放

图 8-1 audio 组件初始界面

时间将实时变化。在音乐正常播放时,图片上将显示一个停止(暂停)按钮,单击该按钮音乐将暂停播放。

8.1.2 控制 audio 组件

在上面的示例中,可以播放、暂停音乐,但是,面对图片上那个小小的控制按钮,总是感觉有点不方便控制。例如,想通过界面中自定义的按钮来控制音乐的播放、暂停等功能。这时,可使用微信小程序提供的 wx.createAudioContext 接口函数获取界面中的 audio 组件,然后就可通过编写 JavaScript 代码来控制 audio 组件了。该接口函数的格式如下:

```
wx.createAudioContext(audioId)
```

其参数 audioId 就是在 wxml 文件中为 audio 指定的 id 属性的值,该接口函数创建并返回 audio 上下文对象 audioContext。

audioContext 对象通过 audioId 与界面中的一个 audio 组件绑定，然后使用以下方法来操作该 audio 组件。

- play：播放音频。
- pause：暂停播放。
- seek：将音频跳转到指定位置，参数为一个以秒为单位的数值，决定音频定位的位置。

有了 wx.createAudioContext 接口函数，修改上面的示例，用自定义按钮来控制音频的播放。具体修改的步骤如下：

（1）打开上例的 audio.wxml 文件，在其中添加 4 个按钮，用来控制音频，新增按钮的代码如下所示：

```
<view class="btn-area">
  <button type="primary" bindtap="audioPlay">播放</button>
  <button type="primary" bindtap="audioPause">暂停</button>
  <button type="primary" bindtap="audio20">设置当前播放时间为 20 秒</button>
  <button type="primary" bindtap="audioStart">回到开头</button>
</view>
```

（2）上面代码中，为每个按钮绑定了单击事件处理函数，因此需要修改 audio.js 文件，新增这些事件处理函数。

```
Page({
  data: {
    ... ...
  },
  onReady: function (e) {
    // 使用 wx.createAudioContext 获取 audio 上下文 context
    this.adContr = wx.createAudioContext('audio1');
  },
  //播放按钮
  audioPlay: function () {
    this.adContr.play()
  },
  //暂停按钮
  audioPause: function () {
    this.adContr.pause()
  },
  //定位按钮
  audio20: function () {
    this.adContr.seek(20)
```

```
  },
  //回到起始位置按钮
  audioStart: function () {
    this.adContr.seek(0)
  }
})
```

在上面的代码中,除了为 4 个按钮编写事件处理函数之外,还为页面增加了一个 onReady 事件处理函数,在该函数中,通过 wx.createAudioContext 接口函数获取 audio 上下文对象。然后,在 4 个按钮的事件处理函数中通过该上下文对象即可控制 id 为 "audio1" 的 audio 组件。

(3)修改好以上代码之后,切换到调试界面,可看到如图 8-2 所示的界面。在这个界面中,可看到除了在 audio 组件的图片上单击播放按钮播放音乐之外,还可以使用下方的 4 个按钮对 audio 组件中的音乐进行控制。具体功能由按钮上的文字可知,读者可逐个对按钮测试效果。

图 8-2 控制 audio

8.2 使用 audio API 播放音乐

除了使用 audio 组件之外,微信小程序还提供了一批 API 用来控制音乐播放。下面先简单介绍这些 API 接口函数的参数,然后再演示这些 API 的使用。

8.2.1 audio API 简介

1. 播放音乐 wx.playBackgroundAudio

从字面意思来看,wx.playBackgroundAudio 是用来播放背景音乐。需要注意的是,同一时间只能有一首音乐处于播放状态。该 API 接口函数的参数如下。

- dataUrl:为音乐的链接,这个参数必须设置。
- title:设置音乐标题。
- coverImgUrl:设置封面图片的 URL。
- success:接口调用成功的回调函数。

- fail：接口调用失败的回调函数。
- complete：接口调用结束的回调函数（调用成功、失败都会执行）。

2. 暂停播放音乐 wx.pauseBackgroundAudio

wx.pauseBackgroundAudio 接口函数不需要参数，因为同一时刻只能有一首音乐处于播放状态，因此，暂停播放操作也就是暂停正在播放的音乐。

3. 停止播放音乐 wx.stopBackgroundAudio

wx.stopBackgroundAudio 接口函数也不需要参数，用来停止当前正在播放的音乐。

4. 获取音乐播放状态 wx.getBackgroundAudioPlayerState

wx.getBackgroundAudioPlayerState 接口函数获取当前正在播放的音乐状态，由于同一时刻只有一首音乐在播放，因此目标是明确的，不需要在参数中设置，但获取的状态需要在回调函数中作为参数，才方便程序处理。该接口函数的参数为 3 个回调函数属性。

- success：接口调用成功的回调函数。
- fail：接口调用失败的回调函数。
- complete：接口调用结束的回调函数（调用成功、失败都会执行）。

在 success 的回调函数中传入的参数是一个 Object，该对象具有以下几个属性，用来描述播放音乐的状态。

- duration：选定音频的长度（单位为秒），只有在当前有音乐播放时才返回该值。
- currentPosition：选定音频的播放位置（单位为秒），只有在当前有音乐播放时才返回该值。
- status：播放状态（2：没有音乐在播放，1：播放中，0：暂停中）。
- downloadPercent：音频的下载进度（整数，80 代表下载了 80%），只有在当前有音乐播放时才返回该值。
- dataUrl：歌曲数据链接，只有在当前有音乐播放时才返回该值。

从以上参数可看出，在播放音乐时，可获取 5 个属性值，将这些属性值显示在界面中，即可动态更新界面中的播放状态。

5. 音乐监听器

除了上面 4 个控制音乐的 API 接口函数之外，微信小程序还提供了 3 个监听音乐状态的 API，每个 API 的参数都是一个回调函数，当相应的事件（播放、暂停、停止）

发生时,将调用监听器中设置的回调函数。这 3 个监听器如下。

- 监听音乐播放:wx.onBackgroundAudioPlay(CALLBACK)。
- 监听音乐暂停:wx.onBackgroundAudioPause(CALLBACK)。
- 监听音乐停止:wx.onBackgroundAudioStop(CALLBACK)。

8.2.2 audio API 播放音乐示例

下面编写示例,使用 audio API 来播放上节的音乐,具体操作步骤如下:

(1)新建 audioapi 子目录,然后在子目录中新建相应的页面文件。

(2)在 audioapi.wxml 文件中输入以下代码:

```
<view class="page">
  <view class="page__hd">
    <text class="page__title">audio API 音频</text>
  </view>
  <view class="page__bd">
    <view class="btn-area">
        <button type="primary" bindtap="tapPlay">播放</button>
        <button type="primary" bindtap="tapPause">暂停</button>
        <button type="primary" bindtap="tapSeek">设置播放进度</button>
        <button type="primary" bindtap="tapStop">停止播放</button>
        <button type="primary" bindtap="tapGetPlayState">获取播放状态</button>
    </view>
  </view>
</view>
```

可以看出,在 wxml 代码中不需要添加音乐相关的组件,只是设置了 5 个控制音乐的按钮。

(3)在 audioapi.js 文件中编写以下代码:

```
Page({
    //播放按钮
    tapPlay: function() {
        wx.playBackgroundAudio({
            //播放地址
            dataUrl:
'http://sc1.111ttt.com/2016/1/09/28/202280605509.mp3',
            //title 音乐名字
            title: '青云志主题曲《浮诛》',
```

```
            //图片地址
            coverImgUrl: 'http://r1.ykimg.com/050E0000576B75F667BC3C136B06E4E7'
        })
    },
    //暂停按钮
    tapPause: function() {
        wx.pauseBackgroundAudio();
    },
    //设置进度
    tapSeek: function() {
        wx.seekBackgroundAudio({
            position: 30
        })
    },
    //停止播放
    tapStop: function() {
        wx.stopBackgroundAudio()
    },
    // 播放状态
    tapGetPlayState: function() {
        wx.getBackgroundAudioPlayerState({
            success: function(res) {
                console.log(res)
            }
        })
    },
    // 页面初始化 options 为页面跳转所带来的参数
    onLoad:function(options){
        // 监听音乐播放
        wx.onBackgroundAudioPlay(function() {
            console.log('监听音乐播放,开始播放音乐')
        })
        // 监听音乐暂停
        wx.onBackgroundAudioPause(function() {
            console.log('监听音乐暂停,暂停了音乐')
        })
        // 监听音乐停止
        wx.onBackgroundAudioStop(function() {
            console.log('监听音乐停止,停止了音乐')
        })
    }
})
```

在上面的代码中,为 5 个按钮分别添加了事件处理函数,在这些事件处理函数中调用 audio API 接口函数来进行播放、暂停、停止、定位、获取状态等操作，具体调用的 API 接口函数参考前面的参数介绍。在页面的 onLoad 事件函数中定义了 3 个音乐监听器，具体效果在调试界面中查看。

（4）编写好以上代码之后，进入调试界面，首先可看到如图 8-3 所示的初始界面，这个界面中只显示了 5 个按钮，没有与音乐相关的内容显示出来。单击"播放"按钮，即可听到音乐声，然后在调试界面左侧的控制按钮中多了一个"音乐"按钮，并显示了一个小的弹出框显示正在播放的音乐的名称，如图 8-4 所示。

图 8-3　用 audio API 播放音乐初始界面

图 8-4　播放音乐

在单击"播放"按钮时，右侧的控制面板中将输出"监听音乐播放，开始播放音乐"的提示，说明只要开始播放音乐，就会触发并调用在 wx.onBackgroundAudioPlay 中编写的回调函数，在实际应用中，回调函数中可编写相应的代码来处理业务，如进入播放后就可更新界面中的播放时间。

类似的，单击"暂停"按钮，监听器 wx.onBackgroundAudioPause 中设置的回调函数也会被调用，单击"停止播放"按钮，监听器 wx.onBackgroundAudioStop 中设置的回调函数还是会被调用。

在图 8-4 中显示了正在播放的状态，单击"获取播放状态"按钮，在控制面板中将显示播放音乐的当前状态，如图 8-5 所示。

在图 8-5 中显示了获取的播放音乐状态，包括当前已播放的时长 currentPosition，播放音乐的地址 dataUrl，当前音乐已下载的百分比 downloadPercent，当前音乐的总时长 duration，当前音乐的播放状态 status。

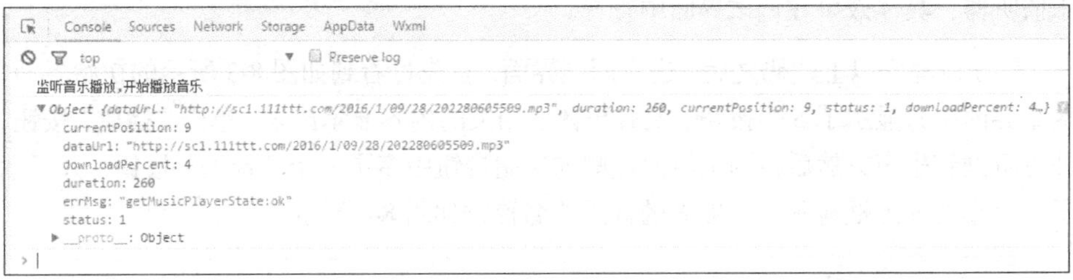

```
Console  Sources  Network  Storage  AppData  Wxml
   ▽ top                          ▼ □ Preserve log
监听音乐播放,开始播放音乐
▼Object {dataUrl: "http://sc1.111ttt.com/2016/1/09/28/202280605509.mp3", duration: 260, currentPosition: 9, status: 1, downloadPercent: 4...}
    currentPosition: 9
    dataUrl: "http://sc1.111ttt.com/2016/1/09/28/202280605509.mp3"
    downloadPercent: 4
    duration: 260
    errMsg: "getMusicPlayerState:ok"
    status: 1
  ▶ __proto__: Object
>|
```

图 8-5　获取播放状态

在图 8-4 所示界面中单击"设置播放进度"按钮，即可将正在播放的音乐跳转到第 30 秒处（这是程序中写死的一个数字，实际应用中可显示一个进度条，让用户拖动进度条来控制播放的进度）。

8.3　用 video 组件播放视频

多媒体信息除了音频之外，还有视频。在微信小程序中要播放视频则需要使用 video 组件，这个组件的使用比较简单，下面结合示例介绍这个组件的使用。

8.3.1　认识 video 组件

视频组件 video 的属性比较多，除了可正常播放视频之外，还可以在视频上添加弹幕效果。常用的属性有以下几个。

- src：要播放视频的资源地址。
- controls：设置是否显示默认播放控件（播放/暂停按钮、播放进度、时间），默认值为 true。
- danmu-list：设置一个弹幕数组列表。
- danmu-btn：设置是否显示弹幕按钮，只在初始化时有效，不能动态变更。默认值为 false。
- enable-danmu：设置是否允许展示弹幕，只在初始化时有效，不能动态变更。默认值为 false。
- autoplay：设置是否自动播放视频，默认值为 false。
- bindplay：当开始/继续播放时触发 play 事件，执行回调函数。
- bindpause：当暂停播放时触发 pause 事件，执行回调函数。

- bindended：当播放到末尾时触发 ended 事件，执行回调函数。
- binderror：当发生错误时触发 error 事件，event.detail = {errMsg: 'something wrong'}。

了解 video 组件的相关属性后，下面通过一个示例来展示该组件的使用方法，具体步骤如下：

（1）创建一个名为 video 的子目录，在该子目录中创建相应的页面文件。

（2）在 video.wxml 文件中编写以下代码，加入 video 组件。

```
<view class="page">
  <view class="page__hd">
    <text class="page__title">video 视频</text>
  </view>
  <view class="page__bd">
    <view class="section section_gap">
      <view class="body-view" style="text-align:center;">
        <video id="myVideo" src="{{src}}" binderror="videoErrorCallback"
          controls></video>
      </view>
    </view>
  </view>
</view>
```

（3）在 video.js 文件中编写以下代码：

```
Page({
  data:{
    src:'http://mvvideo1.meitudata.com/540d2f68acf7a9581.mp4', //视频地址
  },
  //错误回调
  videoErrorCallback: function(e) {
    console.log('视频错误信息:')
    console.log(e.detail.errMsg)
  }
})
```

以上代码在初始化数据中设置了一个 mp4 视频的地址，并定义了一个错误回调，这两个值都在 wxml 文件中进行了绑定。

（4）编写好以上代码之后，进入调试页面可看到如图 8-6 所示的视频初始化界面，显示了该视频的第 1 幅画面，同时在下方显示了视频的控制组件，单击左下方的播放按钮视频就可以开始播放。

图 8-6 视频播放初始界面

8.3.2 获取视频上下文

与 audio 组件类似，要想在 JavaScript 程序中控制 video 组件，必须获取 wxml 界面中定义的 video 组件，然后才能通过代码来操作。微信小程序为获取 video 上下文提供了一个名为 wx.createVideoContext 的接口函数，该函数的参数为 video 组件的 id，通过该函数可获取一个 videoContext 对象（视频上下文对象），通过这个对象的方法可操作绑定的视频，主要的方法有以下几个。

- play：播放当前 video 组件中的视频。
- pause：暂停播放当前视频。
- seek：跳转到指定的视频位置，单位为秒。
- sendDanmu：发送一个弹幕到视频屏幕上，需要的参数为一个 danmu 对象，包含两个属性（text 和 color）。

使用 wx.createVideoContext 获取视频上下文，然后对视频进行控制的相关示例在下面的弹幕示例中进行演示。

8.3.3 给视频添加弹幕

从 video 组件的属性介绍可以看到，视频支持添加弹幕，接下来演示添加弹幕的具体方法。

可通过给 video 组件的 danmu-list 属性设置一个数组来添加弹幕，danmu-list 的数组格式如下所示：

```
[
    {
      text: 弹幕文本,
      color: 弹幕文本的颜色（十六进制）,
      time: 弹幕出现的位置（以秒计算）
    },
]
```

从上面的数据格式可看出，每一个弹幕对象有 3 个属性，分别是文本、颜色、出现的时间。数组中可有多个弹幕对象，在视频播放到弹幕出现的时间时，该弹幕就从屏幕右侧出现，并向左侧移动。

上面介绍的是在播放视频前就固定设置好的弹幕参数，另外，在视频播放过程中，用户也可以向视频上发射弹幕，这就需要使用到视频上下文对象提供的 sendDanmu 方法，参见前面对视频上下文的介绍，可以看到使用 sendDanmu 方法发射弹幕时需要提供 2 个参数，与上面的数组内的属性不同，少了一个 time（即发射的时间），因此，执行 sendDanmu 方法就会立即在视频上发射一个弹幕。

下面修改本节播放视频的示例，使其支持弹幕，修改过程如下。

（1）修改 video.wxml 文件，具体代码如下：

```
<view class="page">
   <view class="page__hd">
      <text class="page__title">video 视频</text>
   </view>
   <view class="page__bd">
      <view class="section section_gap">
         <view class="body-view" style="text-align:center;">
            <video id="myVideo" src="{{src}}" binderror="videoErrorCallback"
            danmu-list="{{danmuList}}" enable-danmu danmu-btn
            controls></video>
         </view>
      </view>

      <view class="btn-area">
         <input placeholder="输入弹幕内容" bindblur="bindInputBlur"/>
         <button bindtap="bindSendDanmu">发送弹幕</button>
      </view>
   </view>
</view>
```

在上面的代码中，首先在 video 组件中添加了与弹幕相关的属性，为 danmu-list 属性绑定了一个数组，提供了一些固定的弹幕数据，设置 enable-danmu 以允许视频中出现弹幕，设置了 danmu-btn 属性在控制部分将出现"弹幕"按钮，方便用户控制是否显示弹幕。

另外，在上面代码中添加了一个输入弹幕内容的 input 组件，还有一个发送弹幕的按钮，方便用户动态地向视频中发送弹幕。

（2）修改 video.js 文件，具体代码如下：

```
//生成随机颜色
function getRandomColor () {
  var colorStr=Math.floor(Math.random()*0xFFFFFF).toString(16);
                                                          //生成随机颜色值
  return"#"+"000000".substring(0,6-colorStr)+colorStr;
                                                          //返回格式化的颜色字符串
}

Page({
  inputValue: '',    //输入的弹幕值
  data:{
    src:'http://mvvideo1.meitudata.com/540d2f68acf7a9581.mp4',  //视频地址
    danmuList: [
      {
        text: '第 2s 出现的弹幕',
        color: '#ff0000',
        time: 2
      },
      {
        text: '第 5s 出现的弹幕',
        color: '#ff00ff',
        time: 5
      }
    ]
  },
  //获取视频上下文
  onReady: function (res) {
    this.videoContext = wx.createVideoContext('myVideo')
  },
  //获取输入的弹幕值
  bindInputBlur: function(e) {
    this.inputValue = e.detail.value
  },
```

```
//发射弹幕
bindSendDanmu: function () {
  this.videoContext.sendDanmu({
    text: this.inputValue,
    color: getRandomColor()
  })
},
//错误回调
videoErrorCallback: function(e) {
  console.log('视频错误信息:')
  console.log(e.detail.errMsg)
}
})
```

这部分代码比较多，下面分类介绍。

首先在代码开始部分定义了一个 getRandomColor 函数，用来获取一个十六进制的随机颜色字符串，这个函数主要是用来在实时发送弹幕时生成一个随机颜色。

接下来使用 Page 初始化页面，在初始化数据时除了定义视频的源地址 src 之外，还定义了一个 danmuList 数组用来初始化固定弹幕数据，这里只定义了 2 个弹幕。

在 onReady 事件处理函数中调用 wx.createVideoContext 函数获取 wxml 中定义的 video 组件，方便控制发送弹幕。

在 Input 组件的输入改变事件处理函数 bindInputBlur 中编写代码将用户输入的数据保存到 inputValue 变量中，以便发送弹幕时使用这些文本。

在"发送弹幕"按钮的单击事件函数中，调用视频上下文对象的 sendDanmu 方法来发送弹幕，并设置弹幕的文本为 input 组件中输入的内容，弹幕的颜色则调用 getRandomColor 函数随机生成。

（3）修改好以上代码之后，进入调试界面可看到初始界面如图 8-7 所示。与图 8-6 比较，除了下方增加了一个输入框和一个按钮之外，在视频的控制条偏右侧多出一个"弹幕"按钮。

在视频控制条中单击播放按钮开始播放视频，当播放到第 2 秒时视频上将从右侧出现一个弹幕信息"第 2s 出现的弹幕"，并向左侧移动，颜色为红色，如图 8-8 所示（弹幕出现在视频右下位置，出现位置是随机的，重新播放视频，弹幕出现的位置又可能位于上方了）。随着视频的播放，在第 5 秒时将出现另一个固定的弹幕。

图 8-7 视频播放初始界面　　　　　图 8-8 显示弹幕内容

在下方文本框中输入一个作为弹幕的文本，然后在播放视频的过程中，单击"发送弹幕"，则输入的文字将作为弹幕出现在视频中，多次单击"发送弹幕"，则会出现多个弹幕文字，如图 8-9 所示就是多次单击按钮后的效果，在视频中将出现很多个"好可爱哟"的文字弹幕，但弹幕的颜色不同。

图 8-9 实时弹幕内容

第 9 章 与后台交互

微信小程序作为前端框架,处理的数据通常要从后台服务器中获取,处理的结果也要保存到后台服务器的数据库中。这就要求微信小程序要有与后台进行交互的方法。其实,在第 8 章播放音乐、视频的示例中,音乐、视频的源地址就是指定的一个网络地址,也就是说,在播放音乐、视频时已经和提供后台服务的网络进行了通信,只是没有使用明确的访问网络的 API 而已。本章介绍微信小程序提供的网络操作的 API。

9.1 网络访问 API

在微信小程序官方文档中可看到如图 9-1 所示的网络访问接口,可以看出微信小程序提供了数量众多的 API 来进行网络操作,在发起请求的 wx.request,有文件上传下载的 wx.uploadFile 和 wx.downloadFIle,还有 7 个 WebSocket 通信相关的 API 函数。

需要注意的是,在编写与网络交互的程序中,有些 API 函数要向服务器提交数据,而向服务器提交数据通常是需要有身份认证的,这就需要开发者拥有上传数据权限的账号。为了方便读者能调试运行案例程序,本章的案例都是以获取信息方式来操作,而不是向服务器提交信息。

图 9-1 微信小程序网络 API

9.1.1 认识 wx.request 接口函数

在图 9-1 所示的 10 个 API 函数中，其实最常用的就是 wx.request，使用这一个函数就可完成从服务器端获取数据，向服务器端提交数据等各种网络交互操作。wx.request 接口函数的参数为一个 Object 对象，该对象可设置以下属性，用来控制网络交互。

- url：开发者服务器接口地址。
- data：向服务器发送的请求参数，如要查询数据时发送的查询条件。这个参数可以为空。
- header：设置请求的 header，header 中不能设置 Referer。这个参数可以为空。
- method：请求的方法，默认为 GET，可设置的请求有效值包括 OPTIONS、GET、HEAD、POST、PUT、DELETE、TRACE、CONNECT。
- success：收到开发者服务成功返回的回调函数，其中的属性 data 表示开发者服务器返回的内容。
- fail：接口调用失败的回调函数。
- complete：接口调用结束的回调函数（调用成功、失败都会执行）。

微信小程序中的 wx.request 接口函数发起的是 https 请求。一个微信小程序，同时只能有 5 个网络请求连接。

9.1.2 获取网上信息

下面通过一个案例来了解 wx.request 接口函数的使用方法。要从服务器端获取数据，首先必须知道服务器端的访问地址（即访问接口），还需要了解访问时需提供哪些参数、返回数据的格式等。

首先来做一个简单的网络请求操作，获取微信公众平台首页的信息。首先，在计算机的浏览器中打开微信公众平台首页，可看到如图 9-2 所示的网页。

微信公众平台首页很简单，在网页上单击右键弹出快捷菜单，选择"查看网页源码"，可看到其 HTML 源码很简短，如图 9-3 所示。

第 9 章　与后台交互

图 9-2　微信公众平台首页

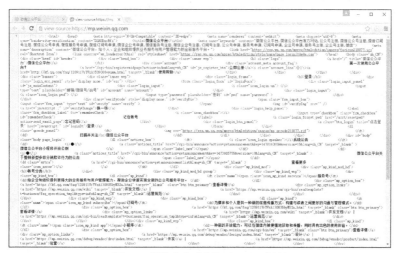

图 9-3　微信公众平台首页 HTML 源码

下面就编写代码来获取如图 9-3 所示的 HTML 源码，具体操作步骤如下：

（1）在项目中创建子目录 getweixin，然后在子目录中创建相应的页面文件。

（2）在 getweixin.wxml 文件中编写如下所示的代码：

```
<view class="container">
 <view class="btn-area">
    <button type="primary" bindtap="getweixinTap">获取 HTML 数据</button>
 </view>
 <view class="wx_html">
    <textarea value="{{html}}" style="width:95%;" auto-height maxlength="0" />
```

```
</view>
</view>
```

上面代码在页面中添加了一个按钮,单击该按钮执行 JavaScript 代码获取数据,在按钮下面定义了一个 textarea 组件,用来显示获取的 HTML 代码。

(3) 在 getweixin.js 文件中编写如下所示的 JavaScript 代码:

```
Page({
  data:{
    html:''  //保存从服务器获取的HTML代码
  },
  getweixinTap:function(){
    var self=this;
    wx.request({
      url:'https://mp.weixin.qq.com/',    //服务器地址
      data: {                              //上传的数据
      },
      header: {
        'Content-Type': 'application/json'
      },
      success: function(res) {             //调用成功后的回调函数
        console.log(res);                  //在控制台输出参数
        self.setData({
          html:res.data                    //更新HTML代码
        })
      }
    })
  }
})
```

只需编写以上这样简单的代码就可与服务器进行交互。进入调试界面后,单击界面中的"获取 HTML 数据"按钮,在下面即可显示出 HTML 源码,如图 9-4 所示。

同时,在调试界面的控制界面中还可看到 success 回调函数传入参数的值,如图 9-5 所示。在回调函数的参数中包含 3 个属性,其中的 data 保存的是从服务器返回的数据,statusCode 为服务器的响应码。

图 9-4 获取的 HTML 源码

第 9 章 与后台交互

图 9-5 success 回调函数的参数

9.2 手机归属地查询

上节演示的例子通过 wx.request 接口函数获取微信公众平台首页的 HTML 代码，对于小程序来说，获取这些 HTML 代码基本上没什么用（除非想设置一个类似网络爬虫的小程序）。在实际应用中，更多的时候是通过一个网络接口获取一些有意义的 JSON 数据（或 XML 数据），然后将这些数据载入小程序中进行处理，本节演示一个这种案例。

本节案例演示一个查询手机归属地的微信小程序，需求很简单，用户在界面中输入一个手机号码，调用远程接口查询该手机号所属省、市以及运营商等信息。

9.2.1 了解手机归属地查询接口

从需求可以看出，该小程序的界面很简单，只需要有一个输入手机号的 input、一个查询按钮，再加上若干显示查询结果的 view 即可。该小程序的关键是能提供查询手机号归属地的远程接口，需要解决以下几方面的问题：

- 使用哪个网站提供的查询接口来完成查询？
- 查询需要提交哪些数据？
- 返回的查询结果中包含哪些数据？

打开百度 API 集市 http://apistore.baidu.com/，其中提供了上千个 API，这里提供的 API 有的是免费使用，有的需要用户购买，如图 9-6 所示。

从图 9-6 可看出，这里列出的 API 并不只是百度提供的，还有很多其他服务商的 API 接口（大多是商用，需付费购买）。

在图 9-6 所示网页左上方找到"产品分类"，单击"生活常用"菜单项，从展开的菜单中选择"手机号码归属地"子菜单，即可打开如图 9-7 所示的"手机号码归属地"接口的介绍页面。在这个页面中显示了这个 API 的服务商、服务简介，下方显示了调用的方式。

图 9-6　百度 APIStore

图 9-7　手机号码归属地接口

调用的地址是：http://apis.baidu.com/apistore/mobilenumber/mobilenumber。

调用的方法：GET（即在 wx.request 中使用 GET 方式请求接口）。

通过说明还可知道，要使用这个接口，还必须设置 2 个参数：

- 一个是名为 phone 的参数，需要查询的手机号码，作为 GET 请求的参数。
- 另一个参数就比较特殊，需要在发送请求的头部（header 位置）设置一个名为 apikey 的参数。这个参数没办法在请求地址中表示出来，好在 wx.request 中设置了 header 参数。

接下来的问题是，apikey 这个参数是多少？这就需要使用者在百度注册一个开发者账号，然后百度为该开发者分配一个 apikey，记下这个值，在程序中填入对应位置即可。

现在解决了接口在哪里、需要哪些参数这两个问题，还有一个问题是查询结果返回的数据有哪些？这在图 9-7 所示的网页中也有详细介绍，对于这个接口返回的是 JSON 格式的数据，返回数据的格式如下：

```
{
    "errNum": 0,
    "retMsg": "success",
    "retData": {
        "phone": "15210011578",
        "prefix": "1521001",
        "supplier": "移动 ",
        "province": "北京 ",
        "city": "北京 ",
        "suit": "152 卡"
    }
}
```

其中，errNum 为 0 表示成功，retMsg 为返回的成功信息描述。如果查询成功，具体的数据保存在 retData 对象中，在该对象中用 6 个属性分别描述了手机号码的相关信息。

如果 errNum 不等于 0，则表示查询失败，接口对失败进行了定义，失败的原因分别返回错误码和错误描述，具体如下表：

错误码	错误码描述	说明
0	success	成功
-1	failure	失败
300101	User's request is expired	用户请求过期

续表

错误码	错误码描述	说明
300102	User call overrun per day	用户日调用量超限
300103	Service call overrun per second	服务每秒调用量超限
300104	Service call overrun per day	服务日调用量超限
300201	URL cannot be resolved	url 无法解析
300202	Missing apikey	请求缺少 apikey，登录即可获取
300203	Apikey or secretkey is NULL	服务没有取到 apikey 或 secretkey
300204	Apikey does not exist	apikey 不存在
300205	Api does not exist	api 不存在
300206	Api out of service	api 已关闭服务
300207	Service overdue, please pay in time	余额不足，请充值
300208	User not verified	未通过实名验证
300209	Service provider response status error	服务商响应 status 非 200
300301	Internal error	内部错误
300302	Sorry,The system is busy. Please try again late	系统繁忙稍候再试

在以上错误代码中，除了为 0 的查询成功之外，常收到的错误代码为-1（如手机号码输入错误），还有 300209 服务商响应 status 非 200。

在图 9-7 所示网页下方还提供了常用编程语言调用本接口的示例代码，微信小程序使用的开发语言 JavaScript 在这里没有示例，不过微信封装的 wx.request 可以很简单地调用这个接口，具体调用的方式如下：

```
wx.request({
    url:'http://apis.baidu.com/apistore/mobilenumber/mobilenumber',
    data: {
      'phone':查询的手机号码
    },
    header: {
      'apikey':百度的 apiKey
    },
    method:'GET',
    success: function(res) {
        查询成功的数据处理
    }
})
```

从以上代码可以看出，对于其他程序开发语言来说，在访问接口时添加 header 头部数据还需要费一番周折，但在微信小程序中，只需要通过上面的代码就可轻松完成。

9.2.2 编写小程序代码

通过以上过程对查询手机号码归属地接口有了全面了解，包括接口地址、上传参数、返回数据格式、返回错误代码含义。接下来就可以开始在开发工具中进行本案例的开发了。

（1）创建一个名为 phonehome 的子目录，然后新建页面的相关文件。

（2）在 phonehome.wxml 文件中编写以下代码：

```
<view class="content">

  <view class="page__hd" >
    <text class="page__title">手机归属地查询</text>
  </view>

  <view class="section">
    <input name="phone" placeholder="手机号码" bindinput="bindinput" />
    <button type="primary" bindtap="phoneTap">查询</button>
  </view>

  <view class="pih_item" wx:if="{{errNum == 0}}">
    <view class="pih_title">电话号码：{{phone}}</view>
    <view class="pih_title">所属省份：{{province}}</view>
    <view class="pih_title">所属城市：{{city}}</view>
    <view class="pih_title">手机段号：{{prefix}}</view>
    <view class="pih_title">运营商：{{supplier}}</view>
  </view>

  <view class="pih_item" wx:if="{{errMsg != ''}}" >
    <view class="err-msg">错误信息：{{errNum}} - {{errMsg}}</view>
  </view>

</view>
```

以上代码首先在页面中添加了一个输入手机号码的 Input 组件和一个触发查询功能的按钮组件。接着在下方使用一组 view 组件来显示查询的结果，并在最下方使用 view 组件来显示错误提示信息。

在 view 组件中绑定了多个变量（在 js 中定义这些变量），并使用 wx:if 来控制结果和错误信息的显示时机。当错误码 errNum 为 0 时，表示查询成功，将显示手机号码的归属地等相关信息，当错误码不为 0 时，表示查询失败，这时将隐藏手机号码归属地信息。

对于显示错误信息的区域，则通过 errMsg（错误信息）来控制，当错误信息 errMsg 为空时，表示没有错误信息，则不显示错误信息区域，当错误信息 errMsg 不为空时，表示有需要显示的错误信息。这里为什么没有使用 errNum 不等于 0 来控制？这是因为在初始化状态时，既没有查询成功，也没有查询失败，这时希望两部分信息都不显示。这时，如果用 errNum 是否等于 0 来控制，则这两部分区域始终有一部分要显示出来。所以，这里使用另一个与错误信息相关的变量 errMsg 来控制。

根据 wxml 界面中需要用到的数据和控制变量、事件响应函数，编写 phonehome.js 文件中的代码，具体如下所示：

```js
var apiKey='9348fe78fc7e1cde0e147df42f123456';  //百度的 apikey 码
Page({
  data:{
    phone:'',           //查询手机号码
    city:'',            //所在城市
    prefix:'',          //手机号段
    province:'',        //所在省份
    suit:'',            //套餐
    supplier:'',        //运营商
    errMsg:'',          //错误信息
    errNum:-2           //错误码
  },
  //文本框输入事件处理函数，输入手机号码，保存到 data 中
  bindinput:function(e){
    this.setData({
      phone:e.detail.value  //更新手机号码
    })
  },
  //查询按钮事件处理函数
  phoneTap:function(){
    var phone = this.data.phone;  //从 data 中获取输入的手机号码

    if(phone!=null && phone!=""){  //如果手机号码不为空
      var self=this;

      //调用接口进行查询
      wx.request({
```

```
      url:'http://apis.baidu.com/apistore/mobilenumber/mobilenumber',//接口地址
        data: {
          'phone':phone    //查询的手机号码
        },
        header: {
          'apikey':apiKey    //百度账号密钥
        },
        //接口调用成功
        success: function(res) {
          if(res.data.errNum == 0){  //查询成功
            //更新数据到data
            self.setData({
              errMsg:'',                              //清空错误描述
              errNum:res.data.errNum,                 //错误码
              city:res.data.retData.city,             //城市
              prefix:res.data.retData.prefix,         //段号
              province:res.data.retData.province,     //省份
              suit:res.data.retData.suit,             //套餐
              supplier:res.data.retData.supplier      //运营商
            })
          }else{ //查询失败
            self.setData({
              errMsg: res.data.retMsg ,    //错误描述
              errNum:res.data.errNum       //错误码
            })
          }
        }
      })
    }
  }
})
```

上面的代码主要分为三部分，一是初始化数据（全部初始化为空字符串），第二部分是输入框 input 的事件处理，当用户输入手机号码时将其更新到 data.phone 中，第三部分是处理单击"查询"按钮时的事件处理，这是本例的核心，首先判断输入的手机号码是否为空，不为空则调用 wx.request 开始提交查询，在查询的 success 中处理查询到的数据，将其更新到 data 中，则可刷新界面中的显示。

提示

上面代码中的 apikey 是处理过的，不能实际访问。虽然本接口是免费且不限使用次数的，但使用这个 apikey 还可调用百度的其他接口，有的接

□ 每天的访问次数有限次。所以，读者要运行本程序，需要在百度上申请一个开发者账号，然后用自己真实有效的 apikey 替换程序中第 1 行的内容。

9.2.3 调试修改小程序

编写好以上代码之后，进入调试界面，可看到如图 9-8 所示的初始界面。输入一个手机号码，单击"查询"按钮，正常情况下可得到如图 9-9 所示的查询结果。

图 9-8　手机号码归属地查询初始界面　　　　图 9-9　查询结果

当输入手机号码时如果输入位数不正确（多输或少输），按"查询"按钮之后将出现如图 9-10 所示的错误提示，表示查询失败。

图 9-10　错误提示

可是，在手机号码输入正确的情况下，有时按"查询"按钮后却什么也没有（既没有如图 9-9 所示的查询成功返回的数据，也没有如图 9-10 所示的查询失败返回的错误信息）。为了方便调试程序，在以下代码的上方增加一行

```
if(res.data.errNum == 0){ //查询成功
```

具体如下：

```
Console.log(res);
if(res.data.errNum == 0){ //查询成功
```

用来输出查询完成后返回的结果。

再次进入调试模式，输入手机号码，多次测试按"查询"按钮，在控制面板中查询输出结果（在界面上没任何输出的情况），可看到如图 9-11 所示的结果。

图 9-11　控制面板输出

在图 9-11 所示控制面板的输出中可看出，这时返回的错误码 errNum 为 300209，而错误信息并没有返回到 retMsg，而是返回到 errMsg 中。而上面编写的代码，当 errNum 不为 0 时，是从 retMsg 中获取错误信息，正是由于这个原因，在更新数据时，没有取得 errMsg 的错误信息。导致 data.errMsg 为空，所以虽然查询出错，但并没有显示错误信息。

找到原因之后，再修改程序就很简单了，找到处理查询失败的代码，在更新 errMsg

数据中加上"||res.data.errMsg",具体如下所示：

```
}else{  //查询失败
   self.setData({
    errMsg: res.data.retMsg||res.data.errMsg , //错误描述
    errNum:res.data.errNum  //错误码
   })
}
```

这样，当查询失败时，如果 res.data.retMsg 中没有错误描述信息，则从 res.data.errMsg 中获取错误描述信息。

通过以上修改，则无论查询时出现了哪种错误信息，都可显示在界面中，不会出现因为出错没有显示，让用户不知道程序运行状态的情况。

继续测试程序，发现在查询了一次手机号码之后，再次输入手机号码时，下方的查询结果会与输入组件 Input 中输入的数据同步，如图 9-12 所示。下方本来只是显示结果的，这样同步显示显然不符合用户的使用习惯。

图 9-12　同步更新手机号码

出现这个小 bug 的原因是在 input 组件中输入手机号码时，将自动更新到 data.phone 中，而下方显示的内容正是绑定在 data.phone 变量中。因此，如果在 input 组件中更新数据时不是直接更新到 data.phone，就可断开它们之间的联系。其实，还有一种更偷懒的办法，当用户在 input 组件中输入内容时，最好是将下方显示查询结果的内容全部隐藏，只有用户按"查询"按钮之后才显示查询结果。这样，既优化了界面，又解决了数据同步更新的问题。要隐藏下方的查询结果，只需要将 errNum 设置为一个非 0 值即可，同时如果还要隐藏错误提示信息，则还需要将 errMsg 设置为空值。因此，在 input 的事件处理函数中增加这 2 行代码即可，具体如下：

```
bindinput:function(e){
  this.setData({
    phone:e.detail.value,   //更新手机号码
    errMsg:'',              //清空错误描述
    errNum:-2               //错误码
  })
},
```

继续测试程序，还发现一个问题，是调用互联网上的接口，受本地网速的快慢、远程服务器的响应速度等各种因素的影响，从调用接口到返回的时间有长有短，如果需要的时间较长，用户按了"查询"按钮之后一直没有反应，用户就有可能多次单击按钮，或怀疑程序出错死机等。因此，对于这种在后台运行时间较长的处理，最好增加一个提示信息，在 wx.request 执行之前调用 wx.showToast 即可达到这个要求。当查询结果返回后，还需要调用 wx.closeToast 关闭提示信息。修改完成的最终代码如下所示：

```
var apiKey='9348fe78fc7e1cde0e147df42fdcdfc2';  //百度的 apikey 码
Page({
 data:{
   phone:'',              //查询手机号码
   city:'',               //所在城市
   prefix:'',             //手机号段
   province:'',           //所在省份
   suit:'',               //套餐
   supplier:'',           //运营商
   errMsg:'',             //错误信息
   errNum:-2              //错误码
 },
 //文本框输入事件处理函数，输入手机号码，保存到 data 中
 bindinput:function(e){
   this.setData({
     phone:e.detail.value,  //更新手机号码
     errMsg:'',             //清空错误描述
     errNum:-2              //错误码
   })
 },
 //查询 按钮事件处理函数
 phoneTap:function(){
   var phone = this.data.phone;  //从 data 中获取输入的手机号码

   if(phone!=null && phone!=""){  //如果手机号码不为空
     var self=this;
     //显示 toast 提示信息
     wx.showToast({
       title:"正在查询，请稍候...",
       icon:"loading",
       duration:10000
     });

     //调用接口进行查询
```

```
    wx.request({
  url:'http://apis.baidu.com/apistore/mobilenumber/mobilenumber',
                                                                //接口地址
    data: {
      'phone':phone    //查询的手机号码
    },
    header: {
      'apikey':apiKey    //百度账号密钥
    },
    //接口调用成功
    success: function(res) {
      wx.hideToast(); //隐藏 toast

      if(res.data.errNum == 0){ //查询成功
        //更新数据到 data
        self.setData({
          errMsg:'',                              //清空错误描述
          errNum:res.data.errNum,                 //错误码
          city:res.data.retData.city,             //城市
          prefix:res.data.retData.prefix,         //段号
          province:res.data.retData.province,     //省份
          suit:res.data.retData.suit,             //套餐
          supplier:res.data.retData.supplier      //运营商
        })
      }else{ //查询失败
        self.setData({
          errMsg: res.data.retMsg||res.data.errMsg , //错误描述
          errNum:res.data.errNum //错误码
        })
      }
    }
  })
}
})
```

经过以上修改，这个小程序基本上算是完善了。单击"查询"按钮后将出现一个 toast 提示信息，如图 9-13 所示，这样，用户知道程序正在后台查询数据。

图 9-13　显示 toast 提示信息

第 10 章

使用手机设备

作为手机应用，必须具备调用手机设备的能力。微信小程序通过 API 接口提供了使用手机设备的能力，例如使用手机摄像头拍照，用手机录音，获取当前地理位置，获取网络状态等。本章介绍在微信小程序中调用这些功能的方法，需要注意的是，由于这些功能大部分需要使用手机端设备的功能，因此在开发工具的模拟器中无法测试，必须在手机端预览，才可以测试相关功能的效果。

10.1 拍照

在微信小程序中使用手机的拍照功能需调用 wx.chooseImage 这个 API 函数，该函数的功能是从本地相册选择图片或使用相机拍照。

> 提示
>
> 如果是在开发工具的模拟器中调用 wx.chooseImage，将只能选择电脑中的图片，无法进行拍照。

10.1.1 了解 wx.chooseImage 函数

wx.chooseImage 函数的参数是一个 Object 对象，通过该对象的以下属性进行相关设置。

- count：设置最多可以选择的图片张数，默认为 9，表示可以选择 9 张图片。
- sizeType：这是一个字符串数组，用字符串 "original" 表示原图，用字符串

"compressed"表示压缩图,默认二者都有。
- sourceType:这是一个字符串数组,用字符串"album"表示从相册中选择图片,用字符串"camera"表示使用相机拍照,默认二者都有。
- success:成功执行后返回图片的本地文件路径列表,保存在 tempFilePaths 变量中,这是一个数组。
- fail:接口调用失败的回调函数。
- complete:接口调用结束的回调函数(调用成功、失败都会执行)。

10.1.2 编写实例代码

下面结合实例来演示该函数的使用。

(1)在项目中新建一个名为 photo 的子目录,然后在该子目录中创建页面文件。

(2)在 photo.wxml 文件中输入以下代码:

```
<view class="content">

 <view class="page__hd" >
  <text class="page__title">选择照片</text>
 </view>

 <view class="section">
  <button type="primary" bindtap="choosePhotoTap1">选择照片</button>
  <button type="primary" bindtap="choosePhotoTap2">拍照</button>
  <button type="primary" bindtap="choosePhotoTap3">选择照片/拍照</button>
 </view>

 <view class="section" wx:for="{{sources}}" wx:key="{{index}}">
  <image src="{{item}}" />
 </view>

</view>
```

以上代码很简单,在界面中添加了 3 个按钮,分别用来测试选择照片、拍照以及选择照片和拍照同时提供。

在下方使用 wx:for 将数组 sources 中的图片逐一渲染出来。

(3)根据 wxml 文件中的设置,在 photo.js 文件中编写处理 3 个按钮的事件处理函数,具体代码如下:

```
Page({
```

```
data:{
  sources:'', //照片文件列表
},
//选择照片
choosePhotoTap1:function(){
  var self = this;
  wx.chooseImage({
      count: 2,          //最多选择2张照片
      sizeType: ['original'],   //使用原图
      sourceType: ['album'],    //从相册中选择
      //成功时的回调
      success: function(res) {
          console.log(res);
          self.setData({
              sources: res.tempFilePaths  //更新相片列表
          })
      }
  })
},
//拍照
choosePhotoTap2:function(){
  var self = this;
  wx.chooseImage({
      count: 1,
      sizeType: ['original','compressed'],  //原图和压缩图
      sourceType: ['camera'],   //直接调用相机
      //成功时回调
      success: function(res) {
          console.log(res);
          self.setData({
              sources: res.tempFilePaths   //更新相片列表
          })
      }
  })
},
//"选择照片"按钮事件处理函数
choosePhotoTap3:function(){
  var self = this;
  wx.chooseImage({
      count: 1,
      sizeType: ['original'],  //原图
      sourceType: ['album', 'camera'], //可从相册选择或拍照
      //成功时回调
```

```
            success: function(res) {
                console.log(res);
                self.setData({
                    sources: res.tempFilePaths   //原图和压缩图
                })
            }
        })
    }
})
```

以上代码的作用在注释中已有详细解释，其实 3 个按钮都调用 wx.chooseImage 这个函数进行操作，只是在 sourceType 中设置了不同的参数，因此运行时就会得到不同的效果。

（4）编写好以上代码之后，如果必要可以设置一个 photo.wxss 的样式，由于篇幅所限，这里就不列出这些设置内容了。

10.1.3　在电脑端测试选择照片

下面直接进行测试。

首先在开发工具中进入调试界面，可看到如图 10-1 所示的初始界面。单击"选择照片"按钮，将弹出如图 10-2 所示的"打开"对话框。

图 10-1　电脑中的初始界面

图 10-2　在电脑中选择照片

在图 10-2 所示对话框中按住 Ctrl 键选择 2 张照片，单击右下方的"打开"按钮即可返回模拟器界面，下方将显示选择的 2 张照片，如图 10-3 所示。

在图 10-3 所示界面中单击"拍照"按钮,虽然在 JavaScript 代码中设置图片的来源为"camera",即从摄像头拍照,但由于电脑中无法调用手机摄像头,因此仍然会显示如图 10-2 所示的"打开"对话框让用户选择图片。

类似的,单击"选择照片/拍照"按钮,也只会看到图 10-2 所示的对话框。

10.1.4 在手机端测试选择照片

接下来到手机端进行测试。

要想在手机端预览小程序的执行效果,必须做好以下几项准备工作:

图 10-3 显示选择的照片

(1)在微信公众平台申请小程序开发账号,获得 AppID。

(2)在微信小程序管理平台上添加开发人员的微信号,这样,该开发人员才能在手机中预览小程序。

(3)在创建项目时必须填写 AppID。

有了以上准备工作,就可以在手机中预览小程序的效果了。下面看看实际操作本节的案例。具体步骤如下:

(1)在项目代码编写完成之后,在开发工具左侧单击"项目"按钮将显示如图 10-4 所示的界面,这里显示了项目的相关信息,如 AppID、项目所在目录、"上传"按钮和"预览"按钮等。

(2)在图 10-4 所示界面中单击"预览"按钮,将显示如图 10-5 所示的二维码,下方显示提示信息,提示只有注册为小程序开发人员的微信号扫描该二维码才能进行预览。

(3)在手机中启动微信,用微信的"扫一扫"功能扫描图 10-5 所示的二维码,手机中将会出现小程序的初始界面,如图 10-6 所示。在手机界面右下角显示的"vConsole"按钮是在手机端查看调试信息的,单击该按钮即可查看。

(4)在图 10-6 所示界面中单击"选择照片"按钮,将显示如图 10-7 所示的选择图片效果。在右上角的按钮中显示了总共可选择多少张图片,在每张图片右上角都有一个选择框,如图 10-7 所示是选择了 2 张图片后的效果。

图 10-4　查看项目信息

图 10-5　预览二维码

图 10-6　手机中的预览效果　　　图 10-7　手机中的选择照片效果

(5)在图 10-7 中选择照片之后单击右上角的"完成"按钮,返回小程序界面,在下方将显示选择的 2 张照片,如图 10-8 所示。

(6)在图 10-8 所示界面中,单击"拍照"按钮后手机立即打开相机,进入拍照界面,如图 10-9 所示(不同手机系统打开的拍照界面可能有所不同),在这里拍照即可。

图 10-8 手机选择照片后的效果

图 10-9 打开手机相机

(7)在图 10-8 所示界面中单击"选择照片/拍照"按钮,将打开如图 10-10 所示的界面,这看起来与图 10-7 所示的选择照片界面相同,可以选择图片,单击右上角的"完成"按钮。不过,在第一个图片位置显示的是一个"拍摄照片"按钮,单击该按钮可打开相机进行拍照。

图 10-10 选择照片和拍照按钮

10.2 录音

第 8 章介绍了使用 audio 组件和 audio API 播放音乐的相关内容,这些都需要播放已经制作好的音频文件,其实,在小程序中,也可以编写代码进行录音,然后再播放自己录制的音频文件。

10.2.1 认识 wx.startRecord 函数

在微信小程序中,调用 wx.startRecord 这个 API 函数可就以进行录音。该函数的参数为一个 Object 对象,通过对象的属性来设置相关参数,具体的属性如下。

- success:录音成功后的回调函数,返回录音文件的临时文件路径,保存在参数 res 的属性 tempFilePath 中。
- fail:接口调用失败的回调函数。
- complete:接口调用结束的回调函数(调用成功、失败都会执行)。

可以看出,wx.startRecord 函数的参数很简单,只有 3 个回调函数,并且通常只需要设置 success 回调函数就可以了,在该回调函数中将传入音频文件的临时路径,在小程序本次启动期间可以正常使用,如需持久保存,需再主动调用 wx.saveFile 函数进行保存,在小程序下次启动时才能访问得到。

执行 wx.startRecord 函数开始录音。当程序中主动调用 wx.stopRecord 函数停止录音,或者录音超过 1 分钟时自动结束录音,在 success 回调函数中将返回录音文件的临时文件路径。

10.2.2 认识 wx.stopRecord 函数

前面已经提到,在使用 wx.startRecord 函数进行录音的过程中,随时可调用 wx.stopRecord 函数来停止当前的录音操作。wx.stopRecord 函数不需要参数,直接调用即可。

10.2.3 认识 wx.playVoice 函数

对于录制的音频文件,可以调用 wx.playVoice 函数进行播放,该函数的参数是一个 Object 对象,通过对象的以下属性来设置播放音频的相关设置。

- filePath:需要播放的语音文件的文件路径,可以是 wx.startRecord 录制的临时文件路径。
- success：接口调用成功的回调函数。
- fail：接口调用失败的回调函数。
- complete：接口调用结束的回调函数（调用成功、失败都会执行）。

使用 wx.playVoice 函数开始播放语音时，同时只允许一个语音文件正在播放，如果前一个语音文件还没播放完，将中断前一个语音播放。

10.2.4 编写录音实例

认识了以上 3 个 API 函数的使用方法之后，下面编写一个录音实例，具体操作步骤如下：

（1）在项目中创建子目录 record，并在子目录中创建相应的页面文件。

（2）在 record.xml 文件中输入以下布局代码：

```
<view class="content">
  <view class="page__hd" >
    <text class="page__title">录音</text>
  </view>

  <view class="section">
    <button type="primary" bindtap="startTap">开始录音</button>
    <button type="primary" bindtap="endTap">停止录音</button>
    <button type="primary" bindtap="playTap">播放录音</button>
  </view>

  <view class="section">{{formatRecordTime}}</view>
</view>
```

以上代码在界面中创建了 3 个按钮，分别控制开始录音、停止录音、播放录音这 3 个功能，在按钮下方放置了一个时间显示器，用来显示录音的时长。

（3）接着编写 record.js 文件，其中针对 3 个按钮分别编写相应的事件处理函数，具体代码如下：

```
//将秒数转换为时分秒的表示形式
var formatSeconds = function(value) {
    var time = parseFloat(value);
    var h = Math.floor(time/3600);
    var m= Math.floor((time - h*3600)/60);
```

```javascript
    var s= time - h*3600 - m*60;

    return [h, m, s].map(formatNumber).join(':');

    function formatNumber(n) {
      n = n.toString()
      return n[1] ? n : '0' + n
    }
}

var interval;  //定时器
Page({
  data:{
    formatRecordTime: '00:00:00',  //时长初始值
    recordTime: 0,                 //计数器，每秒增加1
    recordFile:'',                 //录音临时文件
  },

  //"开始录音"按钮事件处理函数
  startTap:function(){
    var self = this;
    //设置计时器，每秒执行一次
    interval = setInterval(function() {
      self.data.recordTime += 1 ;      //计数器增加1

      self.setData({
        formatRecordTime: formatSeconds(self.data.recordTime)  //格式化时间显示
      })
    }, 1000);
    //开始录音
    wx.startRecord({
      success: function(res) {
        console.log(res)
        self.setData({
          formatRecordTime:formatSeconds(self.data.recordTime),  //更新显示的时长
          recordFile:res.tempFilePath   //更新音频临时文件路径
        })
      },
      // 完成清除定时器
      complete: function() {
        clearInterval(interval)   //清除定时器
      }
    })
```

```
    },
    //结束录音
    endTap:function(){
      wx.stopRecord();              //停止录音
      clearInterval(interval);      //清除定时器
      this.setData({
          formatRecordTime: '00:00:00',  //显示时长设置为初始值
          recordTime: 0                  //计数器清 0
      })
    },
    //播放录音
    playTap:function(){
      var self = this;
      wx.playVoice({
        filePath: self.data.recordFile,  //设置播放文件路径
        complete: function(){ }
      })
    }
})
```

以上的 JavaScript 代码比较长，可分为 5 部分：

- 首先在 Page 函数前面定义了一个格式化时间的函数，用来将计数器中的一个整数值转换为按时、分、秒显示的时间格式。
- 在 Page 函数内部定义初始化数据，定义了 3 个变量。
- 在 Page 函数内部定义开始录音按钮的事件处理函数，在这个函数中使用 JavaScript 的 setInterval 函数定义了一个定时器，并将定时器保存在全局变量 interval 中，这个定时器每秒执行一次，用来在录音时每秒更新一次显示的时间。接着调用 wx.startRecord 函数开始录音，录音结束后调用 success 回调函数，将录制的音频临时文件保存到 data 的 recordFile 变量中，供播放音频时使用。
- 在 Page 函数内部定义的结束录音按钮的事件处理函数比较简单，调用 wx.stopRecord 函数结束录音，同时，还需要调用 JavaScript 的 clearInterval 函数清除定时器。
- 在 Page 函数内部定义的播放录音按钮的事件处理函数，调用 wx.playVoice 函数播放前面录制的音频文件。

10.2.5　测试录音实例

编写好以上代码之后，就可以测试录音实例了。对于本例的测试，是无法在开发

工具的模拟器中进行的，必须在手机微信中进行。

按上一节的方法，将实例发送到开发人员的手机微信中，首先可看到如图 10-11 所示的初始界面，单击"开始录音"按钮，对着手机录音器说话，即可被录制下来，同时下方的计时器也在随着时间跳动，上方还会显示"录音中"的提示信息，如图 10-12 所示。

在录音过程中单击"停止录音"按钮，即可停止当前的录音。如果录音过程中没有单击"停止录音"按钮，录音时长达到 60 秒时也会自动停止录音。

停止录音之后，单击"播放录音"按钮，手机中将播放刚才录制的声音。

图 10-11　录音实例初始界面

图 10-12　录音过程中

10.3　获取地理位置

在微信中，用户可发送自己的地理位置给好友，也可获取好友发送的地理位置，然后调用手机中的导航系统导航到好友发送的位置。在微信小程序中，也可通过微信提供的 API 函数来实现这些与地理位置相关的功能。

10.3.1　认识 wx.openLocation 函数

使用 wx.openLocation 函数可使用微信内置地图查看指定经纬度的位置信息，该函数的参数为一个 Object，通过对象的属性设置相关的参数，具体的属性如下所示。

- latitude：目标位置的纬度，范围为-90~90，负数表示南纬。
- longitude：目标位置的经度，范围为-180~180，负数表示西经。

- scale INT：显示地图的缩放比例，范围 1~28，默认为 28。
- name：目标位置的名称（自定义在地图上显示的名称）。
- address：目标位置的地址详细说明（自定义在地图上显示的地址）。
- success：接口调用成功的回调函数。
- fail：接口调用失败的回调函数。
- complete：接口调用结束的回调函数（调用成功、失败都会执行）。

10.3.2 认识 wx.getLocation 函数

使用 wx.getLocation 函数可获取手机当前所在位置的经纬度信息，当需要向好友发送自己的位置时可使用该函数获取当前位置信息。wx.getLocation 函数的参数是一个 Object 对象，通过对象的属性为函数设置参数，具体的属性如下所示。

- type：设置坐标系类型，可用的值为"wgs84"（返回 gps 坐标系）和"gcj02"（中国国家测绘局定义的一种坐标系，这种类型的坐标系返回可用于 wx.openLocation 的坐标），默认为"wgs84"。
- success：接口调用成功的回调函数，返回内容包括 latitude（纬度）和 longitude（经度）。官方文档中介绍返回内容还有 accuracy（精确度）和 speed（速度），但目前版本还获取不到这两个参数。
- fail：接口调用失败的回调函数。
- complete：接口调用结束的回调函数（调用成功、失败都会执行）。

10.3.3 获取地理位置实例

有以上两个 API 函数，就可以编写地图定位和获取当前地理位置的程序了，下面演示这两个函数的使用。

（1）在项目中创建 getlocation 子目录，然后在该子目录中创建相应的页面文件。

（2）在 getlocation.wxml 文件中编写以下代码：

```
<view class="content">

 <view class="page__hd" >
  <text class="page__title">获取当前位置</text>
 </view>

 <view class="section">
  <button type="primary" bindtap="mapTap">地图定位</button>
```

```
    <button type="primary" bindtap="locationTap">获取所在位置</button>
  </view>

</view>
```

以上代码只是在界面中设置了 2 个按钮，一个用于获取所在位置，一个用于地图定位。

（3）在 getlocation.js 文件中编写以下 JavaScript 代码：

```
Page({
  mapTap:function(){
    wx.openLocation({
      //当前经纬度
      //latitude: res.latitude,
      //longitude: res.longitude,
      latitude: 30.657427,
      longitude: 104.066163,
      //缩放级别默认28
      scale: 28,
      //位置名
      name: '成都市天府广场',
      //详细地址
      address: '成都市天府广场',
      //成功打印信息
      success: function(res) {
        console.log(res)
      },
      //失败打印信息
      fail: function(err) {
        console.log(err)
      },
      //完成打印信息
      complete: function(info){
        console.log(info)
      }
    })
  },
  // "获取位置信息"按钮事件处理函数
  locationTap:function(){
    var self = this;
    wx.getLocation({
      type: 'gcj02',    //定位类型 wgs84, gcj02
      success: function(res) {
```

```
      console.log(res)
      wx.openLocation({
        //当前经纬度
        latitude: res.latitude,
        longitude: res.longitude,
        scale: 28,      //缩放级别默认28
        name: '当前位置',   //位置名
        address: '未知地址',  //详细地址
        //成功打印信息
        success: function(res) {
          console.log(res)
        },
        //失败打印信息
        fail: function(err) {
          console.log(err)
        },
        //完成打印信息
        complete: function(info){
          console.log(info)
        },
      })
    }
  })
  }
})
```

以上代码只是为界面中的两个按钮编写了事件处理函数。

- 在地图定位按钮的事件处理函数 mapTap 中，调用 wx.openLocation 函数打开微信内置地图，并将目标位置定位到参数中所设置的经纬度，在地图上显示所设置的名称和地址。
- 在获取所在位置按钮的事件处理函数 locationTap 中，先调用 wx.getLocation 函数获取当前所在位置的信息，当该函数成功调用之后，在 success 回调函数中获取当前位置的经纬度信息，接着在该回调函数内部调用 wx.openLocation 函数打开微信内置地图，并定位到当前位置。

10.3.4　在电脑中测试获取地理位置实例

获取地理位置的 API 函数可以在电脑的模拟器中调用，因此，首先在电脑中进行测试。

编写好以上代码之后，切换到调试模式，可看到实例的初始界面如图 10-13 所示。

单击"地图定位"按钮，将切换到微信内置地图，并定位了设置的经纬度位置，显示设置的名称和地址，如图 10-14 所示。

图 10-13　电脑中的初始界面

图 10-14　内置地图

在图 10-14 所示地图的目标位置上单击"去这里"，将打开如图 10-15 所示的输入出发地址的界面，输入出发地址后，微信将规划出一条路线，如图 10-16 所示。

图 10-15　输入出发位置

图 10-16　规划的路线

在图 10-16 所示界面中，单击"导航"按钮，还会弹出选择下载导航地图的提示。由于是在模拟器中操作，余下的步骤就不再去操作了，这里主要是演示通过内置地图可定位指定经纬度的地理坐标。

接下来测试获取当前位置的功能。返回到图 10-13 所示界面，单击"获取所在位置"按钮，将打开微信地图并根据获取的经纬度定位到地图中，如图 10-17 所示。同样，可单击"去这里"按钮进入导航界面，这里就不再测试这些功能了。

图 10-17　获取当前位置

10.3.5　在手机中测试获取地理位置实例

接下来将本例在手机中预览，查看效果。

使用 10.1.4 节中介绍的方法将实例运行到手机微信中，首先可看到初始界面与图 10-13 类似，单击"地图定位"按钮，手机将调用微信内置地图，显示如图 10-18 所示的效果。这里显示的内置地图效果与图 10-14 所示的有一些区别，标题栏和底部区域不同，并且目标位置的显示方式也不同。

单击右上角三个点组成的按钮，在屏幕下方将弹出一个菜单，如图 10-19 所示。从菜单名称可看出，选择不同菜单可显示目标位置的街景，或将目标位置发送给朋友，或导航到目标位置。在图 10-18 底部显示了目标位置的名称和地址，单击其右侧的按钮也可进行导航。

图 10-18　手机中显示的内置地图

图 10-19　底部弹出菜单

当选择了导航之后，将显示如图 10-20 所示的弹出框，让用户选择用哪一种方式

（选择哪种地图）进行导航。

回到本实例的初始界面，单击"获取所在位置"按钮，将打开微信地图并根据获取的经纬度定位到地图中，显示的界面与图 10-18 类似，这里就不再截图了。

图 10-20 选择导航方式

10.4 获取网络状态

很多手机 APP 都具有这样一种功能：在 wifi 连网状态下进行升级程序等大数据流量的网络访问操作，而在手机流量（2g/3g/4g）连网状态下，避免进行这些大数据流量的网络访问操作。这可为用户节约大笔的通信费用，实现较好的用户体验。

在微信小程序中，提供了获取用户手机当前连接网络状态的 API 函数，这就是 wx.getNetworkType 函数，该函数的参数为一个 Object 对象，该对象只有 3 个设置回调函数的属性，具体如下。

- success：接口调用成功的回调函数，该回调函数的参数返回网络类型 networkType。
- fail：接口调用失败的回调函数。
- complete：接口调用结束的回调函数（调用成功、失败都会执行）。

可以看出，这个函数的参数很简单，通常只需要设置 success 回调函数即可。

下面还是用实例来演示该 API 函数的使用，具体步骤如下。

（1）在项目中新建一个名为 networktype 的子目录，并在该子目录中新建页面相关文件。

(2) 在 networktype.wxml 文件中新建以下代码：

```
<view class="content">

 <view class="page__hd" >
   <text class="page__title">手机网络状态</text>
 </view>

 <view class="section">
   <button type="primary" bindtap="netrowrkTap">查询</button>
 </view>

 <view class="nw_item">
   <view class="nw_title">当前网络类型：{{network}}</view>
 </view>
</view>
```

以上代码在界面中创建了一个查询按钮，并在下方显示当前网络类型。

(3) 在 networktype.js 文件中编写以下 JavaScript 代码：

```
Page({
 data:{
   network:''              //网络类型
 },
 //"查询"按钮事件处理函数
 netrowrkTap:function(){
   var self = this;
   wx.getNetworkType({
     success: function(res) {
       console.log(res);
       self.setData({
         network : res.networkType
       })
     },
     fail:function(err){
       self.setData({
          network : '无法连接网络'
       })
     }
   })
 }
})
```

（4）编写好以上代码之后，就可以开始测试了。首先在电脑中进行测试，进入调试界面后单击"查询"按钮，下方将显示当前连网的类型，如图 10-21 所示。

将程序在手机中预览，单击"查询"按钮，如果手机处于 wifi 连网状态，将显示如图 10-22 所示的效果。

图 10-21　电脑中查询网络状态（wifi）　　图 10-22　手机中查询的网络状态（wifi）

将手机中的 wifi 断开，将数据连接打开，再次单击"查询"按钮，将显示如图 10-23 所示的 4g 连网状态。如果将手机的数据连接和 wifi 都断开，再次单击"查询"按钮，将显示如图 10-24 所示的无网络连接状态。

图 10-23　手机中查询网络类型（4g）　　图 10-24　手机中查询网络类型（无网络）

10.5 获取系统信息

使用 wx.getSystemInfo 函数可获取手机和微信的相关信息，该函数的参数为一个 Object 对象，通过对象的以下属性设置参数。

- success：接口调用成功的回调函数。
- fail：接口调用失败的回调函数。
- complete：接口调用结束的回调函数（调用成功、失败都会执行）。

该函数的参数很简单，只有一个 success 回调函数是必须设置的，wx.getSystemInfo 函数执行成功后调用该回调函数，将传入以下参数。

- model：手机型号。
- pixelRatio：设备像素比。
- windowWidth：窗口宽度。
- windowHeight：窗口高度。
- language：微信设置的语言。
- version：微信版本号。

下面通过一个实例演示 wx.getSystemInfo 函数的使用方法。

（1）在项目中创建 sysinfo 子目录，并在该子目录中创建页面相关文件。

（2）在 sysinfo.wxml 文件中输入以下代码：

```
<view class="content">

 <view class="page__hd" >
  <text class="page__title">获取手机信息</text>
 </view>

 <view class="section">
  <button type="primary" bindtap="sysinfoTap">获取手机信息</button>
 </view>

 <view class="nw_item">
  <view class="nw_title">微信设置的语言：{{language}}</view>
  <view class="nw_title">手机型号：{{model}}</view>
  <view class="nw_title">设备像素比：{{pixelRatio}}</view>
  <view class="nw_title">微信平台：{{platform}}</view>
  <view class="nw_title">微信版本：{{version}}</view>
  <view class="nw_title">屏幕高度：{{windowHeight}}</view>
```

```
    <view class="nw_title">屏幕宽度：{{windowWidth}}</view>
  </view>
</view>
```

以上代码在界面中添加一个按钮，用来获取手机信息，然后在下方用一组 view 来显示获取的信息。

（3）在 sysinfo.js 中编写代码，完成手机信息的获取，并将数据更新到 data 中，以刷新界面中的显示信息。

```
Page({
  data:{
    language:'',              //微信设置的语言
    model:'',                 //手机型号
    pixelRatio:'',            //设备像素比
    platform:'',              //系统平台
    version:'',               //微信版本号
    windowHeight:'',          //屏幕高度
    windowWidth:''            //屏幕宽度
  },
  //"获取手机信息"按钮事件处理函数
  sysinfoTap:function(){
    var self = this;
    wx.getSystemInfo({
      success: function(res) {
        console.log(res)
        self.setData({
          language : res.language,
          model:res.model,
          pixelRatio:res.pixelRatio,
          platform:res.platform,
          version:res.version,
          windowHeight:res.windowHeight,
          windowWidth:res.windowWidth
        })
      }
    })
  }
})
```

以上代码很简单，首先初始化数据，然后在按钮的回调函数 sysinfoTap 中调用 wx.getSystemInfo 获取手机信息，并将获取的信息更新到初始化的相关变量中。

（4）编写好以上代码之后，先在电脑端开发工具的模拟器中测试。切换到调试界

第 10 章 使用手机设备

面，单击"获取手机信息"按钮，将显示如图 10-25 所示的信息，由于模拟器选择的手机是 iPhone 6，所以在获取的信息中手机型号也为 iPhone 6，并且设备像素比、屏幕高度、宽度也与 iPhone 的相同。而微信平台则显示为"devtools"表示是开发工具。

将本实例发送到手机中进行预览，单击"获取手机信息"按钮后得到如图 10-26 所示的结果，其中的"微信平台"中没有显示内容，单击手机屏幕右下角的"vConsole"按钮查看调试信息，查看 console.log 输出的信息可看出，在手机端并没有获取到 platform 属性，所以在"微信平台"这个地方显示的是空白。

图 10-25　电脑中查看系统信息

图 10-26　手机中查看系统信息

图 10-27　手机中的调试信息

225

第 3 篇

微信小程序综合案例

第 11 章　综合案例——微天气

第 12 章　综合案例——微音乐

第 11 章
综合案例——微天气

通过本书前面 10 章的介绍，读者对微信小程序的组件、API 等相关知识应该有一个完整的认识了，第 11 章和第 12 章以 2 个完整的案例演示这些知识的综合应用。

在一套软件系统中，微信小程序通常是作为前端来使用的，一般还需要有后端的系统提供支持（当然，如本书前面编写的计算器案例这类简单的小程序是不需要后端支持的），这就需要开发者（或运营者）购买云服务器（或自己的独立主机），将后端系统部署其上。对于很多初学者来说，这些条件不容易达到。为了方便这些读者，本章案例的后端系统使用在线免费 API 接口，开发者只需要编写好前端系统（微信小程序），在前端系统中直接调用这些免费 API 即可获得相应的数据。

本章开发一个名为"微天气"的微信小程序。在智能手机软件的装机量中，天气预报类 APP 排在比较靠前的位置。说明用户对天气的关注度很高。因为人们无论是工作还是度假旅游等各种活动都需要根据自然天气来安排。本章开发一个"微天气"小程序，方便微信网友随时查看天气。

11.1 天气预报 API

要开发天气预报类 APP，首先要考虑的问题就是天气预报数据的来源。有了天气预报的数据来源，才能按需要在微信小程序中显示出来。其实，微信小程序就是一个显示天气信息的前端系统，而天气预报 API 就是后端系统。由于天气预报 API 可以在网上免费获取，因此，本案例中开发者不需要开发后端系统，只需要根据 API 的要求进行访问即可。

目前，互联网上提供的天气预报 API 比较多，笔者将几个主要的 API 列举出来，读者可根据需要使用（当然，本案例只使用其中一个即可）。

11.1.1 中国天气网天气预报接口

要查询天气预报，当然是以中央气象台的数据为权威。中央气象台通过"中国天气"网站 http://www.weather.com.cn/对外发布全国各地天气预报，国内各大门户网站的天气预报数据都是从这个网站获取的。如图 11-1 所示就是中国气象局的天气预报网站——中国天气网。

图 11-1 中国天气网

在图 11-1 所示的中国天气网中可查看全国乃至世界各地的天气预报信息，在上方查询输入框中输入一个城市名称进行查询，就可查看到详细天气预报数据。例如，输入"上海"单击右端的查询按钮，就可看到如图 11-2 所示的上海当天的详细预报。

从图 11-2 所示浏览器的地址栏可看到其地址为：

http://www.weather.com.cn/weather1d/101020100.shtml#search

这个 URL 地址中的 101020100 是上海的一个编码，如果换成其他城市（如 101270101——成都的编码），则可看到其他城市的天气预报信息。

图 11-2　查询上海的天气预报

对于城市编码这个数据，可以从网站上收集到，将其保存到一个文本文件中，查询时从文件中读入即可。例如，将收集到的城市编码按以下格式保存到 city.txt 文件中。

北京,101010100|北京海淀,101010200|北京朝阳,101010300|北京顺义,101010400|北京怀柔,101010500|北京通州,101010600|北京昌平,101010700|北京延庆,101010800|北京丰台,101010900|北京石景山,101011000|北京大兴,101011100|北京房山,101011200|北京密云,101011300|北京门头沟,101011400|北京平谷,101011500|上海,101020100|上海闵行,101020200|上海宝山,101020300|上海嘉定,101020500|……

在上面的数据格式中，每一个区域名称和编码之间用逗号分隔，而区域之间用竖线分隔。这样做的好处是可用 Python 中的 split 函数分隔数据，具体方法详见后面的代码。

知道城市编码后，就可通过城市编码去访问对应的网页，得到该城市的天气预报数据。首先想到的方法当然是用 wx.request 方法打开对应的网页，获取 HTML 数据，然后进行分析。不过，这里对 HTML 进行分析的过程非常麻烦，且效率不高。

不过，中国天气网提供了专用的数据接口，通过访问这些数据接口 API，可获得 JSON 数据。这样，就不会有其他杂乱的 HTML 代码来干扰。而微信小程序对 JSON 数据是可以直接解析的，因此，使用这些 API 接口是最方便的。

1. 天气实况信息

要获取天气实况信息，可通过以下接口：

```
http://www.weather.com.cn/data/sk/101010100.html
```

其中，数字部分是城市编码，101010100 是北京的编码，因此，上面的接口查询到的是北京的天气实况信息（如果换成 101020100，则返回的是上海的天气实况信息）。

在浏览器中输入以上 URL 地址，可得到如图 11-3 所示的结果。

图 11-3　查询北京的天气预报

图 11-3 所示返回的是 JSON 数据，不过，这里作为文本显示，不太容易看得清，整理一下格式，得到的 JSON 数据如下所示：

```
{
    "weatherinfo": {
        "city": "北京",
        "cityid": "101010100",
        "temp": "18",
        "WD": "东南风",
        "WS": "1 级",
        "SD": "17%",
        "WSE": "1",
        "time": "17:05",
        "isRadar": "1",
        "Radar": "JC_RADAR_AZ9010_JB",
        "njd": "暂无实况",
        "qy": "1011",
        "rain": "0"
    }
}
```

可看出，返回的 JSON 对象中有一个 weatherinfo 对象，其中的各属性分别表示了天气预报中的一项信息，如 city 是城市名称，temp 是当前温度，WD 风向，WS 是风速……

2. 全天天气预报

要获取全天天气预报的信息，可通过以下接口：

```
http://www.weather.com.cn/data/cityinfo/101010100.html
```

其中，数字部分是城市编码，101010100 是北京的编码，因此，上面的接口查询到的是北京的天气信息。访问该接口返回的 JSON 数据如下所示：

```
{
    "weatherinfo": {
        "city": "北京",
        "cityid": "101010100",
        "temp1": "-2℃",
        "temp2": "16℃",
        "weather": "晴",
        "img1": "n0.gif",
        "img2": "d0.gif",
        "ptime": "18:00"
    }
}
```

3.天气详情

使用以下接口可获取最详尽的天气预报信息。

http://m.weather.com.cn/data/101010100.html

以上接口返回的 JSON 数据格式如下：

```
{
    "weatherinfo": {
        "city": "北京",
        "city_en": "beijing",
        "date_y": "2016年11月16日",
        "date": "",
        "week": "星期四",
        "fchh": "11",
        "cityid": "101010100",
        "temp1": "2℃~-7℃",
        "temp2": "1℃~-7℃",
        "temp3": "4℃~-7℃",
        "temp4": "7℃~-5℃",
        "temp5": "5℃~-3℃",
        "temp6": "5℃~-2℃",
        "tempF1": "35.6℉~19.4℉",
        "tempF2": "33.8℉~19.4℉",
        "tempF3": "39.2℉~19.4℉",
        "tempF4": "44.6℉~23℉",
        "tempF5": "41℉~26.6℉",
        "tempF6": "41℉~28.4℉",
        "weather1": "晴",
```

```
"weather2": "晴",
"weather3": "晴",
"weather4": "晴转多云",
"weather5": "多云",
"weather6": "多云转阴",
"img1": "0",
"img2": "99",
"img3": "0",
"img4": "99",
"img5": "0",
"img6": "99",
"img7": "0",
"img8": "1",
"img9": "1",
"img10": "99",
"img11": "1",
"img12": "2",
"img_single": "0",
"img_title1": "晴",
"img_title2": "晴",
"img_title3": "晴",
"img_title4": "晴",
"img_title5": "晴",
"img_title6": "晴",
"img_title7": "晴",
"img_title8": "多云",
"img_title9": "多云",
"img_title10": "多云",
"img_title11": "多云",
"img_title12": "阴",
"img_title_single": "晴",
"wind1": "北风 3-4 级转微风",
"wind2": "微风",
"wind3": "微风",
"wind4": "微风",
"wind5": "微风",
"wind6": "微风",
"fx1": "北风",
"fx2": "微风",
"fl1": "3-4 级转小于 3 级",
"fl2": "小于 3 级",
"fl3": "小于 3 级",
"fl4": "小于 3 级",
```

```
        "fl5": "小于3级",
        "fl6": "小于3级",
        "index": "冷",
        "index_d": "天气冷，建议着棉衣、皮夹克加羊毛衫等冬季服装。年老体弱者宜着厚
棉衣或冬大衣。",
        "index48": "冷",
        "index48_d": "天气冷，建议着棉衣、皮夹克加羊毛衫等冬季服装。年老体弱者宜着
厚棉衣或冬大衣。",
        "index_uv": "弱",
        "index48_uv": "弱",
        "index_xc": "适宜",
        "index_tr": "一般",
        "index_co": "较不舒适",
        "st1": "1",
        "st2": "-8",
        "st3": "2",
        "st4": "-4",
        "st5": "5",
        "st6": "-5",
        "index_cl": "较不宜",
        "index_ls": "基本适宜",
        "index_ag": "极不易发"
    }
}
```

不过，现在中国天气网已不能通过这个接口获取数据了。

11.1.2 中华万年历的天气预报接口

中华万年历的天气预报接口地址如下：

```
http://wthrcdn.etouch.cn/weather_mini?city=北京
```

该接口很简单，只需要给出城市的名称即可，不像中国天气网的接口还需要根据城市名称去查询城市编码，然后再去访问接口。接口返回的数据也是JSON格式，具体形式如下所示：

```
{
    "desc": "OK",
    "status": 1000,
    "data": {
        "wendu": "15",
        "ganmao": "昼夜温差较大，较易发生感冒，请适当增减衣服。体质较弱的朋友请注意防护。",
        "forecast": [{
```

```
            "fengxiang": "北风",
            "fengli": "3-4 级",
            "high": "高温 14℃",
            "type": "晴",
            "low": "低温 3℃",
            "date": "19 日星期六"
        },
        {
            "fengxiang": "无持续风向",
            "fengli": "微风级",
            "high": "高温 4℃",
            "type": "雨夹雪",
            "low": "低温 -1℃",
            "date": "20 日星期天"
        },
        {
            "fengxiang": "北风",
            "fengli": "3-4 级",
            "high": "高温 0℃",
            "type": "小雪",
            "low": "低温 -7℃",
            "date": "21 日星期一"
        },
        {
            "fengxiang": "北风",
            "fengli": "3-4 级",
            "high": "高温 -3℃",
            "type": "晴",
            "low": "低温 -9℃",
            "date": "22 日星期二"
        },
        {
            "fengxiang": "无持续风向",
            "fengli": "微风级",
            "high": "高温 -3℃",
            "type": "多云",
            "low": "低温 -10℃",
            "date": "23 日星期三"
        }],
    "yesterday": {
        "fl": "微风",
        "fx": "无持续风向",
        "high": "高温 10℃",
```

```
            "type": "霾",
            "low": "低温 6℃",
            "date": "18 日星期五"
        },
        "aqi": "40",
        "city": "北京"
    }
}
```

可以看出，以上返回的 JSON 数据很多，有当天的温度 wendu、感冒描述 ganmao，还有 forecast 数组中保存的最近 5 天的天气数据，以及 yesterday 中保存的昨日天气数据。

只需要一个接口就可获得详细的天气信息，因此，本案例选择使用该 API 接口。

11.2 界面设计

本案例要求界面简单，尽量在一个页面中显示当前天气、最近五天的天气，同时，还要提供按城市名称查询的功能，可显示出所查询城市的天气预报信息。UI 设计如图 11-4 所示。

在图 11-4 所示 UI 中，上方显示所查询城市的名称，右侧显示当前日期。接着以较大字号显示查询城市的温度和感冒描述。下方排着 5 个小卡片显示最近 5 天的天气信息，最下方接收用户输入要查询的城市名称，单击"查询"按钮即可查询指定城市的天气预报信息。

当刚打开该小程序时，由于用户还没有输入查询城市名称，需要设置一个默认城市名称，以方便显示初始的天气预报信息。

图 11-4　UI 设计

11.3 编写界面代码

选择好使用的 API 并设计好 UI 界面的布局之后，就可以创建微信小程序项目，并编写界面代码和逻辑层的 JavaScript 代码了。

11.3.1 创建项目

根据本书前面各章的案例，首先按以下步骤创建出项目。

（1）创建名为 ch11 的项目目录。

（2）启动微信小程序开发工具，在启动界面中单击"添加项目"按钮，打开如图 11-5 所示的对话框。

（3）在图 11-5 所示对话框中填写好相应的项目名称，并选择保存项目的目录，单击"添加项目"按钮即可创建好一个项目的框架。

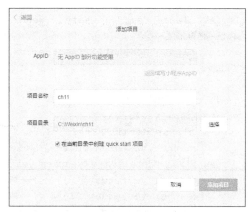

图 11-5 添加项目

本项目只有一个页面，因此也就不需要再添加其他页面，将 index 页面中已有的内容删除，然后再在 index 页面中编写 wxml 和 js 代码即可。

（4）修改显示标题，打开 app.json 文件，修改成以下内容：

```
{
 "pages":[
  "pages/index/index",
  "pages/logs/logs"
 ],
 "window":{
  "backgroundTextStyle":"light",
  "navigationBarBackgroundColor": "#fff",
  "navigationBarTitleText": "微天气",
  "navigationBarTextStyle":"black"
 }
}
```

11.3.2 编写界面代码

根据图 11-4 所示的 UI 设计，打开 index.wxml 文件，删除该文件原有内容，输入以下 wxml 代码：

```
<view class="content">
 <!--显示当天的天气信息-->
 <view class="info">
```

```
    <!--城市名称 当前日期-->
    <view class="city">{{city}} ({{today}})</view>
    <!--当天温度-->
    <view class="temp">{{weather.wendu}}℃</view>
    <!--感冒描述-->
    <view class="weather">{{weather.ganmao}}</view>
</view>

<!--昨天的天气信息-->
<view class="yesterday">
    <view class="detail"><text class="yesterday-title">昨天</text>
        {{weather.yesterday.date}}</view>
    <view class="detail"> {{weather.yesterday.type}}  <!--天气类型,如阴、晴-->
        {{weather.yesterday.fx}}   <!--风向-->
        {{weather.yesterday.fl}}   <!--风力-->
        {{weather.yesterday.low}}  <!--最低温度-->
        {{weather.yesterday.high}}  <!--最高温度-->
    </view>
</view>

<!--最近五天天气信息-->
<view class="forecast" >
    <view class="next-day"  wx:key="{{index}}"
wx:for="{{weather.forecast}}" >
    <!--日期-->
    <view class="detail date">{{item.date}}</view>
    <!--天气类型-->
    <view class="detail">{{item.type}}</view>
    <!--最高温度-->
    <view class="detail">{{item.high}}</view>
    <!--最低温度-->
    <view class="detail">{{item.low}}</view>
    <!--风向-->
    <view class="detail">{{item.fengxiang}}</view>
    <!--风力-->
    <view class="detail">{{item.fengli}}</view>
    </view>
</view>

<!--搜索-->
<view class="search-area">
    <input bindinput="inputing" placeholder="请输入城市名称"
        value="{{inputCity}}"  />
```

```
    <button type="primary" size="mini" bindtap="bindSearch">查询</button>
  </view>
</view>
```

以上 wxml 代码添加了注释,每一部分的作用都在注释中进行了描述。

11.3.3 编写界面样式代码

保存以上 wxml 代码之后,在开发工具左侧的预览区中并没有看到如图 11-4 中的 UI 效果。为了达到设计的布局效果,需要编写样式代码对 wxml 组件进行控制。其实,在上面的 wxml 代码中,已经为各组件设置了 class 属性,接下来只需要在 index.wxss 中针对每一个 class 编写相应的样式代码即可,具体代码如下:

```
.content{
 height: 100%;
 width:100%;
 display:flex;
 flex-direction:column;
 font-family: 微软雅黑, 宋体;
 box-sizing:border-box;
 padding:20rpx 10rpx;
 color: #252525;
 font-size:16px;
 background-color:#F2F2F8;
}

/*当天天气信息*/
.info{
 margin-top:50rpx;
 width:100%;
 height:160px;
}

/*城市名称*/
.city{
 margin: 20rpx;
 border-bottom:1px solid #043567;
}

/*当天温度*/
.temp{
 font-size: 120rpx;
 line-height: 130rpx;
```

```css
  text-align: center;
  padding-top:20rpx;
  color:#043567;
}

/*感冒描述*/
.weather{
  line-height: 22px;
  margin: 10px 0;
  padding: 0 10px;
}

/*昨天天气信息*/
.yesterday{
  width:93%;
  padding:20rpx;
  margin-top:50rpx;
  border-radius:10rpx;
  border:1px solid #043567;
}

/*昨天的*/
.yesterday-title{
  color:red;
}

/*最近五天天气信息*/
.forecast{
  width: 100%;
  display:flex;
  margin-top:50rpx;
  align-self:flex-end;
}

/*每一天的天气信息*/
.next-day{
  width:20%;
  height:450rpx;
  text-align:center;
  line-height:30px;
  font-size:14px;
  margin: 0 3rpx;
  border:1px solid #043567;
```

```
  border-radius:10rpx;
}

/*日期*/
.date{
  margin-bottom:20rpx;
  border-bottom:1px solid #043567;
  color:#F29F39;
}

/*搜索区域*/
.search-area{
    display:flex;
    background: #f4f4f4;
    padding: 1rem 0.5rem;
}

/*搜索区域的输入框*/
.search-area input{
    width:70%;
    height: 38px;
    line-height: 38px;
    border: 1px solid #ccc;
    box-shadow: inset 0 0 10px #ccc;
    color: #000;
    background-color:#fff;
    border-radius: 5px;
}

/*搜索区的按钮*/
.search-area button{
    width: 30%;
    height: 40px;
    line-height: 40px;
    margin-left: 5px;
}
```

在上面的 wxss 代码中，每一个 class 设置前都有相应的注释，可与 wxml 代码对应起来。

保存好 index.wxss 文件之后，开发工具左侧预览区可看到如图 11-6 所示的界面效果。

图 11-6　界面效果

11.4　编写逻辑层代码

由于在 index.js 中还没有设置初始化数据，所以在图 11-6 所示界面中看不到具体的数据，从而也导致界面的效果没达到设置的要求。

接下来就编写逻辑层代码 index.js，为了检查界面设计效果，首先编写初始数据，然后再逐步深入地编写其他相关业务逻辑代码。

11.4.1　编写数据初始化代码

在 index.wxml 中编写了很多数据，因此需要在 index.js 中先把这些数据进行初始化，然后在开发工具的模拟器中就可预览结果。

打开 index.js 文件，删除原来的内容，重新编写以下代码：

```
Page({
  data: {
    weather:{
      wendu:18,
      ganmao:'昼夜温差较大，较易发生感冒，请适当增减衣服。体质较弱的朋友请注意防护。',
      yesterday:{
        date:'17日星期四',
        type:'阴',
        fx:'南风',
```

```
      fl:'微风级',
      low:'低温 8℃',
      high:'高温 16℃'
    },
    forecast:[
      {
        date:'18 日星期五',
        type:'阴',
        high:'高温 16℃',
        low:'低温 8℃',
        fengxiang:'南风',
        fengli:'微风级'
      },{
        date:'18 日星期五',
        type:'阴',
        high:'高温 16℃',
        low:'低温 8℃',
        fengxiang:'南风',
        fengli:'微风级'
      },{
        date:'18 日星期五',
        type:'阴',
        high:'高温 16℃',
        low:'低温 8℃',
        fengxiang:'南风',
        fengli:'微风级'
      },{
        date:'18 日星期五',
        type:'阴',
        high:'高温 16℃',
        low:'低温 8℃',
        fengxiang:'南风',
        fengli:'微风级'
      },{
        date:'18 日星期五',
        type:'阴',
        high:'高温 16℃',
        low:'低温 8℃',
        fengxiang:'南风',
        fengli:'微风级'
      }
    ]
  },
```

```
    today:'2016-11-18',
    city:'北京',      //城市名称
    inputCity:'', //输入查询的城市名称
  }
})
```

编写好以上初始化数据之后,保存 index.js,在开发工具左侧预览区域可看到如图 11-7 所示的界面效果。

以上代码很长,主要是由于模拟了 5 天的天气数据,实际上,在小程序运行时,应该在打开小程序之后就马上通过 API 获取天气数据,因此上面的初始化数据代码中,只需要用以下语句将 weather 初始化为一个空对象即可,而上面添加在 weather 中的属性数据都可以删除。

```
weather:{}
```

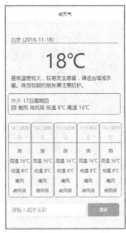

图 11-7　界面效果

11.4.2　获取当前位置的城市名称

根据本案例的要求,当用户打开本案例之后,首先要获取用户当前所在城市的天气信息,这就需要获取用户当前所在城市的名称。要完成这个功能,需要经过几个转折。

首先,可以使用微信小程序的获取当前地理位置经纬度的 API(就是 wx.getLocation),该 API 的使用在第 10.3.2 节有过介绍,通过该 API 即可获取用户所在位置的经纬度。

有了用户所在的经纬度,还需要查询该经纬度对应的城市名称。这可以使用百度地图的接口来实现,百度地图 Geocoding API 服务地址如下:

```
http://api.map.baidu.com/geocoder/v2/
```

调用该接口需要传递以下几个参数。

- output:设置接口返回的数据格式为 json 或者 xml。
- ak:这是必须设置的一个参数,是用户在百度申请注册的 key,自 v2 开始参数修改为"ak",之前版本参数为"key"。
- sn:若用户所用 ak 的校验方式为 sn 校验时该参数必须启用。

- callback：一个回调函数，将 json 格式的返回值通过 callback 函数返回以实现 jsonp 功能。

例如，在浏览器中输入以下地址：

```
http://api.map.baidu.com/geocoder/v2/?ak=ASAT5N3tnHIa4APW0SNPeXN5&location=30.572269,104.066541&output=json&pois=0
```

返回的 JSON 格式如下所示：

```
{
    "status": 0,
    "result": {
        "location": {
            "lng": 104.06654099999996,
            "lat": 30.572268897395259
        },
        "formatted_address": "四川省成都市武侯区 G4201(成都绕城高速)",
        "business": "",
        "addressComponent": {
            "country": "中国",
            "country_code": 0,
            "province": "四川省",
            "city": "成都市",
            "district": "武侯区",
            "adcode": "510107",
            "street": "G4201(成都绕城高速)",
            "street_number": "",
            "direction": "",
            "distance": ""
        },
        "pois": [],
        "poiRegions": [],
        "sematic_description": "环球中心 w6 区西南 108 米",
        "cityCode": 75
    }
}
```

在以上 JSON 数据中，通过 result.addressComponent.city 可获取传入经纬度对应的城市名称。因此，在本案例中可通过这种方式获取用户当前所在城市的名称。

根据以上分析，在 index.js 的 onLoad 事件处理函数中编写如下所示代码：

```
var util = require('../../utils/util.js');
Page({
```

```
  data: {
    ……
  },
onLoad: function (options) {
    this.setData({
      today:util.formatTime(new Date()).split(' ')[0]   //更新当前日期
    });
    var self = this;
    wx.getLocation({
      type: 'wgs84',
      success: function (res) {
        wx.request({
          url:'http://api.map.baidu.com/geocoder/v2/' +
            '?ak=ASAT5N3tnHIa4APW0SNPeXN5&location='+
            res.latitude+',' + res.longitude + '&output=json&pois=0',
          data: {},
          header: {
            'Content-Type': 'application/json'
          },
          success: function (res) {
 var city = res.data.result.addressComponent.city.replace('市','');//城市名称
            self.searchWeather(city);    //查询指定城市的天气信息
          }
        })
      }
    })
  },
})
```

以上代码中，第 1 行使用 require 导入工具方法，用来格式化日期。

11.4.3 根据城市名称获取天气预报

获取了城市名称，接下来就可使用以下接口获取指定城市名称的天气预报信息：

```
http://wthrcdn.etouch.cn/weather_mini?city=城市名称
```

在上面的接口中，城市名称中不包含"市"这个字，如"成都市"只需要传入"成都"。

在本节前面介绍该接口时，只查看了接口执行成功后返回的 JSON 数据，如果传入的城市名称有误，则返回如下所示 JSON 数据：

```
{
    "desc": "invilad-citykey",
```

```
    "status": 1002
}
```

在程序中可通过 status 判断数据查询是否成功。

由于根据城市名称查询天气预报信息的代码需要重复调用，因此，单独编写成一个函数，方便在查询时调用。

```
//根据城市名称查询天气预报信息
  searchWeather:function(cityName){
    var self = this;
    wx.request({
      //天气预报查询接口
      url: 'http://wthrcdn.etouch.cn/weather_mini?city='+cityName,
      data: {},
      header: {
        'Content-Type': 'application/json'
      },
      success: function (res) {
        if(res.data.status == 1002)  //无此城市
        {
            //显示错误信息
            wx.showModal({
              title: '提示',
              content: '输入的城市名称有误，请重新输入！',
              showCancel:false,
              success: function(res) {
                self.setData({inputCity:''});
              }
            })
        }else{
          var weather = res.data.data;   //获取天气数据

          for(var i=0;i<weather.forecast.length;i++)
          {
            var d = weather.forecast[i].date;
            //处理日期信息，添加空格
            weather.forecast[i].date = ' ' + d.replace('星期','  星期');
          }
          self.setData({
            city:cityName,          //更新显示城市名称
            weather:weather,        //更新天气信息
            inputCity:''            //清空查询输入框
          })
```

```
      }
    }
  })
}
```

在上面代码中，获取的 date 中保存的是"19日星期六"这种格式的字符串，为了使日期和星期分别显示在两行中，这里使用了一种小技巧，就是在日期字符串中添加了 2 个全角状态的空格，这样在显示这个字符串时自动断行。

编写好以上这些代码之后，保存，在开发工具左侧可看到已经获取当前的天气数据，而不是前面初始化的数据了，如图 11-8 所示。

这样，本案例的主要代码就算编写完成了。不过，还只能显示用户当前所在地的天气信息，如果要查看其他城市的天气，还需要继续编写相应的查询代码。

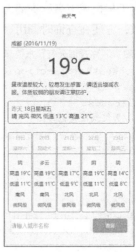

图 11-8　用户所在地天气预报

11.4.4　查询天气预报

查询代码的编写很简单，只需要获取用户输入的城市名称，然后传入 searchWeather 函数即可。具体的代码如下：

```
//输入事件
  inputing:function(e){
    this.setData({inputCity:e.detail.value});
  },
//搜索按钮
  bindSearch:function(){
    this.searchWeather(this.data.inputCity);
  }
```

保存以上代码之后，在开发工具左侧模拟器中输入查询的城市名称，如输入"三亚"，单击"查询"按钮，界面中即可显示"三亚"的天气信息，如图 11-9 所示。

如果在下方输入框输入一个不存在的城市名称，将显示如图 11-10 所示的提示信息。

第 11 章　综合案例——微天气

图 11-9　查询城市天气

图 11-10　城市名称错误的提示

第 12 章
综合案例——微音乐

本书第二个综合案例是开发一个音乐播放器——微音乐。该播放器通过 QQ 音乐接口获取音乐相关数据，首先在页面中显示一个音乐分类列表，用户选择分类之后从 QQ 音乐中查询获取符合要求的音乐列表，在这个音乐列表中单击一首音乐即进入播放页面进行播放。另外，还需要做一个查询功能，可按歌手或音乐名称进行查询。

12.1　QQ 音乐 API

与上一个案例类似，本案例也是通过互联网中已有的 API 来获取音乐信息。在互联网上这类 API 很多，本案例使用"易源接口"网站提供的 QQ 音乐接口，易源接口网址如下：

https://www.showapi.com/

12.1.1　认识易源接口网站

在浏览器中打开易源接口网站，可看到如图 12-1 所示的界面。从网页左边的"API 分类导航"列表可看到，该网站提供了不同种类的 API，在大类中又有很多小类，天气预报的接口也有。读者可使用这个网站提供的天气预报接口重写第 11 章的案例。

在易源接口网站中提供的接口很多是免费的，要使用这些免费接口，也需要在网站中注册账号，然后申请使用。申请成功之后，在"我的应用"中就可看到申请应用的 appid，如图 12-2 所示。在应用同一行的 secret 列单击"查看密钥"，将弹出对话框显示该应用的密钥。将 appid 和 secret 复制下来，以备程序中使用。

第 12 章 综合案例——微音乐

图 12-1 易源接口

图 12-2 我的接口

12.1.2 QQ 音乐接口

本案例使用易源接口提供的"QQ 音乐"接口，其说明如图 12-3 所示。可以看到，这个接口是免费使用的。

图 12-3　QQ 音乐接口

在图 12-3 所示页面的左侧"接入点列表"中可看到该 API 提供了 3 个接入点。

1. 热门榜单

在图 12-3 所示页面中，单击左侧的"热门榜单"，将显示该接入点的详细信息。

热门榜单接入点的 URL 地址如下：

```
http://route.showapi.com/213-4
```

请求该 URL 地址时，还需要传入一些参数，主要有以下这些。

- showapi_appid：这是用户申请的 appid。
- showapi_sign：这是用户应用的密钥。
- topid：这是音乐分类编码（如 5 表示内地音乐，6 表示港台音乐）。

该接入点返回的 JSON 数据格式如下（与易源接口官方提示的内容有些不同）：

```
{
    "showapi_res_code": 0,
    "showapi_res_error": "",
    "showapi_res_body": {
        "ret_code": 0,
        "pagebean": {
            "songlist": [{
                "songname": "一定要幸福  (《咱们相爱吧》电视剧主题曲)",
```

```
            "seconds": 294,
            "albummid": "003V7SAg16Ed0F",
            "songid": 109127914,
            "singerid": 4607,
            "albumpic_big": "http://i.gtimg.cn/music/photo/mid_album_300/
                0/F/003V7SAg16Ed0F.jpg",
            "albumpic_small": "http://i.gtimg.cn/music/photo/
                mid_album_90/0/F/003V7SAg16Ed0F.jpg",
            "downUrl": "http://dl.stream.qqmusic.qq.com/109127914.mp3?
                vkey=3B0957F1A4CDCAD8875251834B7C0DA2D4287FA3BC1A5F73AA
                002D3833AE5685FE6168E75BBDB277CB0635E3B483CB6E3A073
                E7A1B9723A4&guid=2718671044",
            "url": "http://ws.stream.qqmusic.qq.com/
                109127914.m4a?fromtag=46",
            "singername": "张靓颖",
            "albumid": 1679081
        },
         ……
        ],
        "total_song_num": 100,
        "ret_code": 0,
        "update_time": "2016-11-17",
        "color": 0,
        "cur_song_num": 100,
        "comment_num": 1010,
        "currentPage": 1,
        "song_begin": 0,
        "totalpage": 1
    }
 }
}
```

从上面的 JSON 数据可看出，该接入点返回的数据中，音乐列表数据保存在 songlist 数组中，该数组中的每一个元素是一首音乐的信息，各字段的含义如下：

```
"songname":音乐名称,
"seconds": 时长,
"songid": 音乐 ID,
"singerid": 歌手 id,
"albumpic_big": 专辑大图片, 高宽 300,
"albumpic_small": 专辑小图片, 高宽 90,
"downUrl": mp3 下载链接,
"url": 流媒体地址,
"singername": 歌手名,
```

```
"albumid": 专辑 id
```

2. 根据歌名、人名查询歌曲

热门榜单接入点的 URL 地址如下:

```
http://route.showapi.com/213-1
```

请求该 URL 地址时，还需要传入一些参数，主要有以下这些。

- showapi_appid：这是用户申请的 appid。
- showapi_sign：这是用户应用的密钥。
- keyword：查询关键字（人名或歌名）。

该接入点返回的 JSON 数据格式如下所示：

```
{
    "showapi_res_code": 0,
    "showapi_res_error": "",
    "showapi_res_body": {
        "ret_code": 0,
        "pagebean": {
            "w": "刘德华",
            "allPages": 14,
            "ret_code": 0,
            "contentlist": [{
                "m4a": "http://ws.stream.qqmusic.qq.com/
                    179990.m4a?fromtag=46",
                "media_mid": "002Ly1Xh1pwBGt",
                "songid": 179990,
                "singerid": 163,
                "albumname": "幻影中国巡回演唱会 Live",
                "downUrl": "http://dl.stream.qqmusic.qq.com/179990.mp3
                    ?vkey=1BD3868E2A0278D184D1FEC2A9391F1A673AAF1FCAB59DEA
                    F0DCCF80ED58E564978D1EAAF5E53B85B0E5D30ACFF2AFBF32296
                    4C86ED8B14D&guid=2718671044",
                "singername": "刘德华",
                "songname": "练习 (Live)",
                "strMediaMid": "002Ly1Xh1pwBGt",
                "albummid": "004UpCFj3kyano",
                "songmid": "002Ly1Xh1pwBGt",
                "albumpic_big": "http://i.gtimg.cn/music/photo/mid_album_300/
                    n/o/004UpCFj3kyano.jpg",
                "albumpic_small": "http://i.gtimg.cn/music/photo/
                    mid_album_90/n/o/004UpCFj3kyano.jpg",
```

```
            "albumid": 15531
        },
        ,],
        "currentPage": 1,
        "notice": "",
        "allNum": 393,
        "maxResult": 30
    }
}
```

可以看出，这与使用热门榜单接入点获取的数据格式类似，只是这里多了一些查询相关的数据，另外，返回的音乐列表不是保存在 songlist 数组中了，而是保存在 contentlist 数组中，流媒体地址不是保存在 url 中，而是保存在 m4a 中。其他数据的含义基本相同，这里就不列出来了。

本案例主要使用这两个接入点，读者可在本案例的基础上做歌词显示功能，则需要使用到"根据歌曲 id 查询歌词"这个接入点。

另外，在访问某一个接入点后如果返回"没有订购套餐"的错误结果，由于本 API 是免费使用的，出现这个提示说明用户对接入点还未订购。可在图 12-3 所示页面中单击"价格一览表"，显示如图 12-4 所示页面，单击左侧的"为所有免费接入点一键订购"即可正常使用所有免费接入点了。

图 12-4 为所有免费接入点一键订购

12.2 界面设计

"微音乐"需要设计 4 个界面，分别是：

（1）音乐分类列表界面，如图12-5所示，显示音乐的分类列表。

（2）音乐列表界面，如图12-6所示，这是在图12-5所示界面中选择某一分类中，列出该分类下的音乐曲目，为了使界面更好看一点，在曲目上方显示一张图片，这张图片直接获取第一首曲目的专辑封面图片。

（3）音乐播放界面，如图12-7所示，在图12-6所示曲目列表中单击一首曲目，就进入本界面，上方显示专辑图片，下方显示歌名、歌手名称和播放按钮，单击播放按钮就可播放。

（4）搜索界面，如图12-8所示，在输入框中输入关键字，单击"立即搜索"按钮进行搜索，结果显示在下方的列表中，单击结果中的某一首歌曲，进入图12-7所示播放界面开始播放。

图 12-5　音乐分类列表

图 12-6　音乐列表

图 12-7　播放音乐

图 12-8　搜索音乐

12.3 创建项目

界面初稿设计出来之后，就可以考虑进入实际程序开发过程了。

12.3.1 准备资源

从图 12-5 至图 12-8 所示的 4 个页面可看出，本案例中需要显示一些图标和图片，其中专辑封面图片通过 API 动态获取，而每首歌典前面出现的图标就需要在编写代码之前准备好，还有图 12-7 中的播放按钮图标，以及与其对应的暂停播放的图标。

另外，在界面下方有一个工具条，最好也设计出对应的图标。对于工具条中的图标还需要设计出正常状态和选择状态两种不同的图标，方便用户区分当前选择是哪一个 tab。

通常，这些图标可以从网络中去搜索，然后再用 Photoshop 等图像处理软件进行简单的加工即可。本案例使用到的图标如图 12-9 所示。

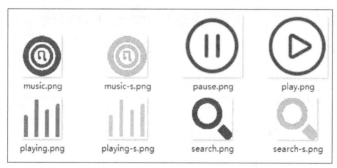

图 12-9　案例用到的图标

在项目中新建一个名为 images 的子目录，将如图 12-9 所示的设计好的图标复制到该子目录备用。

12.3.2 创建项目

根据本书前面各章的案例，首先按以下步骤创建出项目。

（1）创建名为 ch12 的项目目录。

（2）启动微信小程序开发工具，在启动界面中单击"添加项目"按钮，打开如图 12-10 所示的对话框。

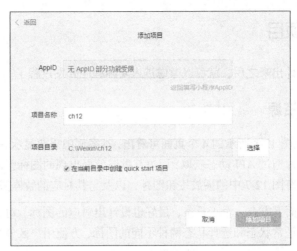

图 12-10 添加项目

(3) 在图 12-10 所示对话框中填写好相应的项目名称, 并选择保存项目的目录, 单击 "添加项目" 按钮即可创建好一个项目的框架。

(4) 打开 app.json 文件, 修改页面数组、修改显示标题并增加 tabBar 的设置, 具体内容如下:

```
{
 "pages":[
  "pages/index/index",
  "pages/play/play",
  "pages/list/list",
  "pages/search/search",
  "pages/logs/logs"
 ],
 "window":{
  "backgroundTextStyle":"light",
  "navigationBarBackgroundColor": "#fff",
  "navigationBarTitleText": "微音乐",
  "navigationBarTextStyle":"black"
 },
 "tabBar": {
  "color":"#818181",
  "backgroundColor":"black",
  "selectedColor":"green",
  "list": [{
   "pagePath": "pages/index/index",
   "text": "音乐列表",
```

```
      "iconPath":"/images/music.png",
      "selectedIconPath":"/images/music-s.png"
    },{
      "pagePath": "pages/play/play",
      "iconPath":"/images/playing.png",
      "selectedIconPath":"/images/playing-s.png",
      "text": "正在播放"
    },{
      "pagePath": "pages/search/search",
      "iconPath":"/images/search.png",
      "selectedIconPath":"/images/search-s.png",
      "text": "搜索"
    }]
  }
}
```

由于在 pages 数组中增加了 3 个页面，但这 3 个页面还没有创建，因此保存 app.json 时会出现错误提示，可以不管这个提示。当然，也可以将各页面创建好之后再修改 app.json 文件。

（5）为了使项目不提示错误，接下来在 pages 目录中分别创建 list、play 和 search 等 3 个子目录，并分别创建对应的 wxml、js、wxss 等文件。这样，项目就不会出现错误提示了。

至此，项目结构搭建完成，接下来分别开发 4 个页面代码即可。

12.3.3 创建配置文件

在项目中要使用到易源接口提供的 QQ 音乐 API，这个 API 的接入点地址和身份认证参数之类的串在一起比较长，并且在多个页面中需要使用到，因此最好将这些内容封装在一个外部文件中，需要时引入即可。

在项目根目录创建一个名为 config.js 的文件，编写如下代码：

```
(function(module){
    var exports=module.exports={};
    //易源接口应用 ID
    var appid=27426;
    //接口密钥
    var secret="f7a6a43aef0649b5bd1a051e8f5aa536";
    //GET 方式的参数
    var param="?showapi_appid=" + appid+"&showapi_sign=" + secret;
    //热门榜单访问接口
```

```
    var hotUrl = "http://route.showapi.com/213-4" + param;
    //根据歌名、人名查询歌曲接口
    var searchByNameUrl ="http://route.showapi.com/213-1" + param;
    var searchByIdUrl = "http://route.showapi.com/213-2" + param;

    module.exports = {
       config: {
          hotUrl:hotUrl,
          searchByNameUrl:searchByNameUrl,
          searchByIdUrl:searchByIdUrl
       }
    };
})(module);
```

以上代码将易源接口的接入点 URL、appid 和 secret 等都封装起来，并以 config 对象的属性形式提供。其他页面引入 config.js 之后，就可使用 config.hotUrl 这样的形式直接引用了。

12.4 音乐分类列表

音乐分类列表作为本项目的主页面，将其代码编写在 index 页面中。因此，将创建项目时自动创建的 index.wxml、index.js 等文件中原有内容删除，然后在这里编写相应的代码即可。

12.4.1 开发页面文件

打开 index.wxml 文件，删除原有内容，重新输入以下 wxml 代码：

```
<view class="container">
  <view class="rank-list">
    <block wx:for="{{ranks}}" wx:key="{{item.type}}">
      <view class="rank-item">
        <navigator url="/pages/list/list?type={{item.type}}" class="text">
            {{item.text}}</navigator>
        <view class="arrow"/>
      </view>
    </block>
  </view>
</view>
```

可以看出，音乐分类列表的页面布局代码很简单，只是从 ranks 中取出数据，循环渲染到页面中即可，每一项是一个分类，单击分类后导航到 list 页面，并将分类信息传递到 list 页面进行处理。

12.4.2　开发页面样式文件

在 index.wxml 文件中，为每一个组件都设置 class 属性，接下来在 index.wxss 中编写对应的样式代码即可。打开 index.wxss 文件，删除原有内容，然后输入以下样式代码：

```css
.rank-list {
  width: 100%;
}

/*每一个分类*/
.rank-item {
  width: 100%;
  text-align: left;
  height: 3rem;
  line-height: 3rem;
  border-bottom: 1px solid #eee;
  position: relative;
}

/*分类文本*/
.rank-item .text {
  padding-left: 1rem;
}

/*分类名右侧的箭头图标*/
.rank-item .arrow {
  width: 10px;
  height: 10px;
  border-top: 2px solid #999;
  border-right: 2px solid #999;
  position: absolute;
  right: 20px;
  transform: rotate(45deg);
  top: 20px;
}
```

12.4.3　开发页面逻辑代码

在 index.wxml 文件中绑定了一个名为 ranks 的变量，这个对象中保存了音乐分类的信息，需要在逻辑代码中进行定义。打开 index.js 文件，删除原有内容，输入以下 js 代码：

```
Page({
  data:{
    //音乐分类
    ranks:[
      {type:26,text:"热歌"},
      {type:23,text:"销量"},
      {type:18,text:"民谣"},
      {type:19,text:"摇滚"},
      {type:5,text:"内地"},
      {type:6,text:"港台"},
      {type:16,text:"韩国"},
      {type:17,text:"日本"},
      {type:3,text:"欧美"}
    ],
  },
})
```

可以看出，这里的 js 代码很简单，只是定义了一个音乐分类的数组。最终反映在界面上的分类排列顺序是以这个数组中各元素的顺序为准的，因此，可以在这里进行调整，使最终显示的分类顺序符合自己的要求。

将 index.wxml、index.wxss 和 index.js 这 3 个文件编写好之后，保存，在开发工具左侧的模拟器中就可看到如图 12-11 所示的效果。

图 12-11　音乐分类列表

至此，音乐列表页面开发完成。这个页面很简单，也不需要访问网络，只是将固定的音乐分类显示出来即可。

12.5 音乐列表

在图 12-11 所示的音乐分类列表中单击某一个分类,就会显示该分类的音乐列表，接下来就来开发音乐列表的相关代码。

12.5.1 开发页面文件

音乐列表 UI 如图 12-6 所示，上方一个图片区域，下面是音乐列表。由于音乐列表的数量可能很多，一屏显示不完，因此使用 scroll-view 组件进行滚动显示。

打开 list.wxml 文件，在其中编写以下代码：

```
<scroll-view scroll-y="true" >
    <view class="board">
        <image src="{{board}}" />
    </view>

    <view class="songlist">
        <block wx:for="{{songlist}}" wx:key="song_id">
            <view class="songitem">
                <navigator url="/pages/play/play?songid={{item.songid}}"
        class="song-play"><image src="/images/play.png" /></navigator>
                <navigator url="/pages/play/play?songid={{item.songid}}"
                    class="song-detail">
                    <view class="song-title">{{item.songname}}</view>
                    <view class="song-subtitle">{{item.singername}} -
                        {{item.seconds}}</view>
                </navigator>
            </view>
        </block>
    </view>
    <loading hidden="{{!loading}}">
        正在加载音乐……
    </loading>
</scroll-view>
```

在以上代码中，首先使用 image 组件绑定了一个名为 board 的变量显示一幅图片（专辑封面图片）；接下来显示分类的音乐列表，这里使用循环渲染 songlist 这个数组中的内容，将音乐的名称、歌手名称等信息显示出来，并通过 navigator 组件进行导航，当用户单击音乐时导航到 play 页面进行播放；最后，在下方添加了一个 loading 组件，用来显示加载音乐列表时的提示信息。

12.5.2　开发页面样式文件

根据上面的 wxml 文件中定义的 class，编写对应的样式代码。打开 list.wxss 文件，在其中输入以下样式代码：

```
/*顶部专辑封面图片*/
.board image{
    width: 100%;
    height: 300px;
    border-bottom: 1px solid #eee;
}

/*音乐列表*/
.songlist {
  width: 100%;
  overflow-x: hidden;
  overflow-y: visible;
  font-size: 0.8rem;
}

/*每一个音乐项目*/
.songitem{
  height: 3rem;
  line-height: 1.5rem;
  display: flex;
  border-bottom: 1px solid #eee;
  padding: 10rpx;
  width: 100%;
}

/*选择的音乐项目*/
.songitem:active {
  background: #eee;
}

/*左侧的播放图标*/
.song-play {
  width: 10%;
  text-align: center;
  vertical-align: middle;
}
```

```css
.song-play image {
  line-height: 3rem;
  width: 50rpx;
  height: 50rpx;
  padding-top: 13px;
}
/*音乐项目的细节内容*/
.song-detail {
  white-space: nowrap;
  width: 90%;
}
/*音乐标题*/
.song-title {
  font-size: 1rem;
}
/*副标题*/
.song-subtitle {
  color: #555;
}
```

以上样式代码中，每一项前面都有注释，与 wxml 对照分析，很快就能搞明白其作用，这里不再赘述。

12.5.3 开发页面逻辑代码

接下来开发页面的逻辑代码，打开 list.js 文件，输入以下代码：

```javascript
var config=require('../../config.js'); //导入配置文件

//将秒数转换为分秒的表示形式
var formatSeconds = function(value) {
    var time = parseFloat(value);
    var m= Math.floor(time/60);
    var s= time - m*60;

    return [m, s].map(formatNumber).join(':');

    function formatNumber(n) {
      n = n.toString()
      return n[1] ? n : '0' + n
    }
}

Page({
  data:{
```

```
    board:'',    //顶部图片
    songlist:[], //音乐列表
    loading:false, //加载标志
  },
  //页面加载事件
  onLoad:function(options){
    var self = this;
    var topid = options.type;   //获取页面跳转传过来的参数

    this.setData({
      loading:true    //显示加载提示信息
    })

    //加载歌曲列表
    wx.request({
      url:config.config.hotUrl,  //热门榜单接口
      data:{topid:topid},         //歌曲类别编号

      success:function(e){

        if(e.statusCode == 200){
          var songlist=e.data.showapi_res_body.pagebean.songlist;
          //将时长转换为分秒的表示形式
          for(var i=0;i<songlist.length;i++)
          {
            songlist[i].seconds = formatSeconds(songlist[i].seconds);
          }

          self.setData({
            //获取第1首歌曲的图片作为该页顶部图片
board:e.data.showapi_res_body.pagebean.songlist[0].albumpic_big,
            //保存歌曲列表
            songlist:songlist,
            loading:false  //隐藏加载提示信息
          });

          //将歌曲列表保存到本地缓存中
          wx.setStorageSync('songlist',songlist);
        }
      }
    });
  }
})
```

以上代码大部分都添加了注释,参考注释应该很容易读懂。程序首先导入 config.js 文件,方便调用易源接口网站提供的 API,接着定义了一个 formatSeconds 函数,该函数可以将以秒为单位表示的音乐时长转换为以分秒表示的形式。

在 Page 函数中,代码主要分两部分。一个数据初始化部分,定义了一个名为 board 的变量,用来保存页面顶部显示的专辑封面图片 URL 地址。另外一部分就是 onLoad 页面加载事件处理,这是本页面的核心代码。在这段代码中,首先从传入页面的参数 type 中获取音乐分类 ID,然后调用易源接口提供的 API 获取对应分类的音乐列表,得到音乐列表之后,调用前面定义的 formatSeconds 将音乐时长转换为分秒表示的形式,然后将音乐列表更新到页面数据中,这样,页面上就会显示获取到的音乐列表。

在 onLoad 代码的最后,还将获取到的音乐列表缓存到本地。在音乐播放页面 play 中就可看到这里缓存数据的作用了。

图 12-12 音乐列表

这样,音乐列表页面的开发完成,在开发工具的模拟器中预览,首先显示上一小节开发的音乐分类列表(如图 12-11 所示)。单击一个分类之后,将显示如图 12-12 所示的音乐列表,上方显示的是第 1 首音乐的专辑封面图片。

12.6 播放音乐

在图 12-12 所示音乐列表中,单击一首音乐,将导航到播放音乐界面。下面开发播放音乐界面的相关代码。

12.6.1 开发页面文件

如图 12-7 所示的播放音乐界面比较简单,上方显示专辑图片,下方显示音乐名称、歌手名称和一个播放按钮即可。打开 play.wxml 文件,在其中编写以下代码:

```
<view class="playing container">
    <view class="thumbnail">
        <image src="{{song.albumpic_big}}" />
    </view>
    <view class="detail">
```

```
            <view class="title">{{song.songname}}</view>
            <view class="author">{{song.singername}}</view>
            <view class="action">
                <view class="act-toggle" bindtap="playToggle">
                    <image src="/images/{{isPlaying ? 'pause' : 'play'}}.png" />
                </view>
            </view>
        </view>
</view>
```

12.6.2 开发页面样式文件

根据 play.wxml 文件中设置的 class 属性，编写对应的样式文件。打开 play.wxss 文件，编写以下样式代码：

```
/*专辑封面图片*/
.thumbnail image{
    height: 300px;
    width: 100%;
}

/*音乐名称*/
.title{
    text-align: center;
    font-size: 1.3rem;
    margin-top: 20rpx;
    margin-bottom: 20rpx;
}

/*歌手名称*/
.author{
    text-align: center;
    color: #555;
}

/*播放*/
.action{
    text-align: center;
    margin-top: 1rem;
}

/*播放图标*/
.action image{
    width: 200rpx;
```

```
      height: 200rpx;
}
```

样式文件中每个 class 前面都有相应的注释。

12.6.3 开发页面逻辑代码

播放音乐页面的代码相对较多,下面先进行简单分析。

在进入播放页面时,首先判断以下几种情况:

(1)未传入 songid 参数,如直接在下方 tab 中单击"正在播放"时进入该页面。这时,如果之前播放过音乐,则可继续播放之前那首音乐(要获取之前播放过的那首音乐,可将其缓存到本地)。如果之前没有播放过音乐,则显示"未选择歌曲",按播放按钮时不起作用。

(2)若传入了 songid 参数,由于 songid 只是音乐中的一个编号,并没有音乐本身的相关信息(如音乐名称、歌手名称、音乐链接地址等)。只有这个编号,无法调用 wx.playBackgroundAudio 这个 API 进行播放。这时,list 页面中将音乐列表 songlist 缓存在本地就有作用了。在 play 页面中,从缓存中取出 songlist 这个音乐列表,然后用 songid 在 songlist 这个数组中查询到相应的音乐,就将其取出来播放,同时,将该音乐缓存到本地,以备无 songid 参数传入时播放该音乐。

根据以上分析,在 play.js 中编写代码如下:

```
var config=require('../../config.js'); //导入配置文件

Page({
  data:{
    song:{},   //传入的歌曲信息
    isPlaying:false, //播放状态
  },

  //页面载入事件处理函数
  onLoad:function(options){
    var self = this;
    var songid = options.songid; //获取页面跳转传过来的参数(歌曲对象)

    if(songid === undefined){ //未传入歌曲 ID
      var curSong=wx.getStorageSync('curSong') || {}; //从缓存中获取歌曲

      if(curSong === undefined){ //缓存中无歌曲
        var song={songname:'未选择歌曲'}; //显示未选择歌曲
        this.setData({
```

```
        song:song
      })

    }else{
      this.setData({
        song:curSong
      });
    }

  }else{
    var songlist=wx.getStorageSync('songlist') || [];  //从缓存中取出歌曲列表
    //在歌曲列表中查找 songid 指定的歌曲
    for(var i=0;i<songlist.length;i++){
      if(songlist[i].songid == songid){  //找到对应的歌曲
        this.setData({
          song:songlist[i]     //更新歌曲
        });
        break;
      }
    }
    //缓存正在播放的歌曲
    wx.setStorageSync('curSong',this.data.song);
  }
},

//播放/暂停
playToggle:function(){
  var self = this;
  //没有歌曲要播放,则直接退出
  if(this.data.song.songname =='未选择歌曲'){
    return;
  }

  if(this.data.isPlaying){  //正在播放
    wx.stopBackgroundAudio();  //停止播放歌曲

  }else{//未播放,则开始播放

    //播放歌曲
    wx.playBackgroundAudio({
      dataUrl: this.data.song.url || this.data.song.m4a,
      success: function(res){ }
    })
  }
```

```
    //更新播放状态
    this.setData({
      isPlaying:!this.data.isPlaying
    });
  }
})
```

以上代码大部分都添加了注释，配合前面的分析，应该很容易读明白。在 wx.playBackgroundAudio 函数的参数中，dataUrl 的参数使用以下形式：

```
dataUrl: this.data.song.url || this.data.song.m4a,
```

这是因为，下一小节的搜索结果中返回的音乐文件是使用 m4a 来取得音乐的流媒体。

保存好播放音乐页面的相关文件之后，进行调试，在图 12-12 所示音乐列表中单击一首音乐，进入播放界面，如图 12-13 所示。

在图 12-13 所示界面中，单击播放图标，即可听到音乐声，同时播放图标变为了暂停图标。

图 12-13 音乐播放

12.7 搜索音乐

最后，开发本案例的搜索音乐页面。

12.7.1 开发页面文件

参照图 12-8 所示，该界面很简单，在上方添加一个搜索输入框和一个搜索按钮，下面则是显示搜索结果的列表。打开 search.wxml 文件，在其中编写以下代码：

```
<view class="container">
    <view class="search-area">
        <input bindinput="inputing" placeholder="请输入搜索关键字"
          value="{{value}}" />
        <button type="primary" size="mini" bindtap="bindSearch"
          loading="{{loading}}"> 立即搜索 </button>
    </view>

    <view class="songlist">
        <block wx:for="{{list}}" wx:key="{{index}}">
            <view class="songitem">
                <navigator url="/pages/play/play?songid={{item.songid}}"
```

```
                    class="song-play">
                <image src="/images/play.png" /></navigator>
                <navigator url="/pages/play/play?songid={{item.songid}}"
                    class="song-detail">
                    <view class="song-title">{{item.songname}}-
                        {{item.singername}}</view>
                    <view class="song-subtitle">{{item.albumname}}</view>
                </navigator>
            </view>
        </block>
    </view>

    <loading hidden="{{!loading}}">
        正在搜索音乐...
    </loading>
</view>
```

以上代码中,除了图12-8所示设计界面元素之外,在下方还添加了一个loading组件,用来显示提示信息。

12.7.2 开发页面样式文件

接着根据searrch.wxml中使用的class属性编写样式文件,从上面的代码可看出,其中很多class与list.wxml中定义的相同,因此,可以进行复用。最好的方法是将这两个页面中重复的 class 定义剪切粘贴到 app.wxss 文件中,这样,list.wxml 和 search.wxml这两个页面文件都可以使用这些样式了。

然后,将search.wxml中特有的class进行单独定义,打开search.wxss文件,编写以下样式代码:

```
.search-area{
    background: #f4f4f4;
    padding: 1rem 0.5rem;
}

.search-area input{
    background: #fff;
    border-radius: 3px;
    height: 2rem;
    line-height: 2rem;
    margin-bottom: 0.5rem;
    padding-left: 0.5rem;
    font-size: 0.8rem;
}
```

12.7.3 开发页面逻辑代码

接下来开发搜索页面的逻辑代码，打开 search.js 文件，编写以下代码：

```
var config=require('../../config.js');   //导入配置文件
Page({
  data:{
    value:'',  //搜索关键字
    loading:false,  //按键前的 loading 图标
    list:[],  //搜索结果
  },

  //保存输入的关键字
  inputing:function(e){
    this.setData({
      value:e.detail.value   //更新搜索关键字
    });
  },

  //立即搜索按钮
  bindSearch:function(){
    var self=this;

    this.setData({
      loading:!self.data.loading   //更新立即搜索按钮的 loading 图标
    });

    //开始搜索
    wx.request({
      url:config.config.searchByNameUrl,  //搜索接口
      data:{keyword:self.data.value},     //搜索关键字

      success:function(e){
        if(e.statusCode == 200){  //搜索成功

          self.setData({
            list:e.data.showapi_res_body.pagebean.contentlist,  //更新搜索结果
            loading:!self.data.loading
          });

  //将歌曲列表保存到本地缓存中
  wx.setStorageSync('songlist',e.data.showapi_res_body.pagebean.contentlist);
       }
     }
```

```
    });
  }
})
```

以上代码首先导入配置文件。

接着初始化数据，在初始化数据部分定义了 3 个变量，value 用来保存用户输入的查询关键字，而 loading 变量用来控制是否显示查询提示信息，list 数组则用来保存查询到的音乐列表。

在搜索按钮的事件处理函数中，使用 wx.request 函数调用配置文件中定义的接口，并传入关键字进行搜索，如果搜索成功，则将音乐文件列表更新到 list 数组中，同时还要将音乐文件列表缓存到本地，方便 play 页面播放时查找。

虽然搜索结果中的音乐列表与 list 页面中的音乐列表有些字段不相同，但在播放页面中，已经进行了逻辑合并处理，因此，这些差异并不会影响 play 页面中的播放。

保存搜索页面的文件，最后就可以测试搜索的效果了。

在调试页面中，单击下方 tab 中的"搜索"进入搜索页面，输入搜索关键字，单击"立即搜索"按钮，下方将显示搜索的结果，如图 12-14 所示。

图 12-14　搜索结果

在图 12-14 所示的列表中，单击某一首音乐，即可进入图 12-13 所示的播放界面，可播放收听该音乐。

至此，本案例开发完成。由于篇幅所限，这里就不截图显示测试的各界面了，读者可自行测试效果。